新東山。再起

侯聯松 著

文經社

謹以此書獻給「東北之家」所有工作團隊，
以及未來將成為我們一員的你，
謝謝家人和一路上幫助過我的人。

自序

成為 21 世紀領導者的基本要素

如果 10 年前有人說，開一間火鍋店能帶你走出台灣邁向世界，甚至必須結合科技化管理與投入數位行銷，可能沒人會相信。但此論點放在今時今日，並非遙不可及的趨勢。

對於時代前進的步伐越來越快速，身為餐飲業經營者已走不回安穩的老路子。不是你口袋夠深，投下幾千萬，啪啪啪一下子在全台各地開分店固樁，事業就能穩穩地走下去，人們會自己找上門加盟。況且大部分人的口袋其實和早期起家創業的我一樣，都是不夠深的。

這本書完整記錄我開創酸菜白肉鍋事業經營的 6 年來過程：如何開始以一家店打基礎到逐一開展至 4 家分店、怎麼在餐飲業裡以合縱連橫打團體戰、何以從餐廳的現點現做進化開發出躍上超商／超市通路的商品，又為什麼將酸菜白肉鍋的品牌名稱改為「東北之家」，甚至自我分析了創業過程中的幾項錯誤決策。儘管在撰寫的過程，我們仍持續處於變動與不斷展開顛覆傳統餐飲思維的新計畫，但品牌的核心精神是不變的。

店員不思維老闆的思維，那就是不及格！

　　許多朋友來店裡用餐或廠商到總部洽談合作，經常和我分享：「可以感受到你們團隊的向心力很強耶！」的確，在平均年齡不到 35 歲的企業組織裡，這是滿值得引以為傲且不容易的事情，幹部能做到這層面，很大的關鍵是「身教」。幹部哪裡需要幫助，幹部就會出現在哪裡。也常以此期許所有夥伴：「身為副店長，要學習站在店長的角度去思考；而身為店長下一階段要思考就是：當老闆的基本要素。」

這品牌怎麼走，才是我最重視的！

　　評估商圈未來性、品牌定位清楚、食材新鮮且有特色，這些已成為開一間餐廳再基本不過的事，即便此三項目都做足功夫，都不能保證會賺錢，至少賺不了大錢，因為現在的市場實在太競爭了。

　　身處 21 世紀，一間餐廳的運營要能體現全球經濟型態的縮影，不能只是傻傻守著店面而忽略電商世界裡的無疆界經濟體，不能再以有 POS 系統和信用卡機就自覺很夠用，而與數位金融脫鉤，當消費者對優質食材尚覺可有可無時

你要比他們更在乎……，這些在在都是時下餐飲業經營者該具備的前瞻性，走在前頭還不夠，你得與同業拉大距離，而擁有年輕團隊最大的優勢便是敢於面對挑戰、勇於接受新技術，及時掌握潮流脈動。

以台灣為基地，打造百年酸菜白肉鍋品牌！

以前的人說：三刀不要拿，指的是廚師的菜刀、理髮師的剃刀、裁縫師的剪刀。此一觀念在這個時代已不適用，以自身對餐飲業的長期觀察，反而覺得做這行是不錯的選擇。我常對夥伴說：如果你不重視自己工作的產業、不在專業上表現出敬業、做不出優異的利基差異化，那麼別人又怎麼會敬重身為餐飲業一員的你呢？

今日商場是一場合縱連橫的聯盟戰役，單打獨鬥很難拚出一番大事業，更別說是要永續經營。我以酸菜白肉鍋為餐飲核心，企圖建構出一個大平台，無論是上下游的整合、社群媒體與共享經濟的應用，乃至於社會責任關懷，都是成為百年品牌最重要的打地基任務，以此與夥伴們、餐飲業者共勉之。

重啟人生，人人都能新東山在起！

起心動念出版這本書，為的是完整記錄下自己從無到有開創酸菜白肉鍋事業的過程。而此書從撰寫到出版問世，歷經一年半的時間，期間隨著經營定位調整與品牌更名，內容方向亦跟著充實茁壯。

某次回到老家整理舊物時，無意間看到父親最後所經營的棉被廠舊招牌——新東山棉被廠。讓我不禁回顧起父親一路走來的人生，雖遭遇經商失敗，仍依舊勇往直前、義無反顧的克服生命中一次次考驗。父親不懈怠的精神，可說是他留給我最寶貴的遺產；對照自身職業生涯，一路晉升至三線一星警官，辭職後轉任上櫃公司董事長，再轉戰自創火鍋連鎖餐飲事業，敢於抓住機會「重新開始」的中心思想，成就出今日的甜美果實。感觸良多之餘，遂將此書名命定為《新東山。再起》，希望讀者在閱讀此書時能引起同樣的共鳴。人生

路上的困難不會越來越少,只有越來越多,唯一要做的就是努力克服困難。

　　儘管在撰寫的過程,我們仍持續處於變動與不斷展開顛覆傳統餐飲思維的新計畫,但品牌的核心精神是不變的。東北之家如何開始以 1 家店打基礎到逐一開展至 4 家分店、怎麼在餐飲業以合縱連橫打團體戰、何以從餐廳的現點現做進化開發躍上超商╱超市通路的商品,又為什麼將品牌從原有名稱改為東北之家,甚至自我分析了創業過程中的幾項錯誤決策。對於未來欲加盟東北之家的準頭家、正走在創業鋼索上的老闆們,又或有意自創餐飲品牌的人,相信這本書將陪伴你度過經營路上感到挫折的夜晚,然而,黎明來臨,我們將再度熱血沸騰迎戰。

侯聰松

生意子的火鍋
創業革新之道

學生時期慘逢家中經商失敗，過了好些年打拼還債的日子，這段艱辛的過去沒讓我日後甘於晉升三線一星高階警官的安逸穩定生活。

我用10多年的時間從洗碗工做起，認真踏實地走過開店的每一小步，創建出具生命力的獲利革新模式，完成潛藏心中許久的火鍋創業夢。

因為我比任何人都清楚商業一向是冒險的行為，只想按著地圖走是沒辦法找到新大陸。

小時候的我很愛看布袋戲，舞台上的戲偶角色總是善惡分明，無形中對警察具備的正義感產生一種嚮往，自然地選擇進入中央警官大學行政系就讀，畢業後分發台南縣玉井分局任職巡官，接著進入內政部警政署外事組、署長室。人生上半場服務於警界，實際從事警務工作，深刻體認到善惡之間是相對的，「相對的時間、相對的空間，才有所謂善惡的分別」，對此，內心感受是極為複雜的。

　　這份於外人眼中看似不錯的穩定公職，卻於某日閱讀到當代作家余秋雨書中的一句話而感到心頭一震，這句話是這麼寫的：「安逸的漩渦是使人往下沉的力量。」當時的我想著，當警察的這條路是直的，現在就看得到盡頭。人生應該嘗試走走不一樣的路，於是在晉升到三線一星高階警官時，選擇華麗轉身離開警界。

　　人生下半場為何從商做生意？又為什麼選擇經營火鍋店？這與原生家庭有很深的淵源。

父親經商失敗成為人生轉捩點

自幼學業成績連中等都稱不上，老是班上排名倒數的那幾個。高二某次段考突然一躍入列前三名，導師與全班同學都嚇到了。那股促使我轉變的推動力，是因為那年父親做生意失敗，整個家被龐大債務給壓垮了，一家五口被迫分居不同地方。那一刻起，我知道沒有家可以依靠了，接下來只能靠自己，這大概就是所謂的「挫折使人成長」。

我的父親是個生意人，現下時局什麼好賣，他的錢就投到那裡去。印象最深刻的是，我的國中至高一生活算是在甘蔗園長大的，當時家裡在嘉義租有 10 甲地當佃農種甘蔗，我常被交付帶著二、三十位歐巴桑到田裡拔甘蔗。

只是父親做生意的過程，運氣一直不太好，他決定投資一門生意的時候，往往別人已經利潤盡出，完全沒有著力點。種甘蔗也是，前一年價格還很好，大家都跟著栽種後，有量就沒有價。大夥做得辛苦，只能盡量賣，最後還是虧了幾十萬。

什麼生意都做的父親，就在一次為了大量囤積紅豆，等待價格好時

再出售賺取差價，不惜把房子等值錢資產都押了下去，甚至還向親友借錢。就一個週轉不靈，三個月後全垮了。瞬間冒出的 3 千萬債務，成為我們全家努力賺錢還債苦難的開始，也是改變我人生的轉捩點。

儘管是這麼辛苦的一段過去，父親用他的人生教會我三件事。第一件事是家裡破產之際，每天都有人打電話到家裡要錢，父親召開了一個家庭會議，家人中提出把現有資產分開，該還的、能還的處理好就好，剩下的就放給它倒。父親沒理會這個建議，操著閩南語對著我說：「阿松，這些錢都是他們拚死拚活省下來的，你這輩子做牛做馬都要還。」這是父親教我的第一件事。

父親早年與兩位朋友合夥創業，從事做棉被生意。這間名為新東山的棉被廠，取自 3 位合夥人的名字──「新」傳、「東」廷、崑「山」。某天早上接到父親通知，要我放學後打電話回嘉義老家。當下心裡雖然覺得怪怪的，也只能先出門上學了。下了課打電話回家都沒人接，打電話到父親經營的棉被工廠才找到人，接著我從新營坐車趕回嘉義。一回到曾經再熟悉不過的家，打開鐵門一看，裡面全部都已經清空，房子被賣掉了。當晚父親帶著我睡在工廠，二人睡在同一張床上，回想原本裡頭還滿滿的房子，就這樣整個沒了，我忍不住難受的哭了，那時一旁的父親說：「男人要長志氣，錢再賺就有了」，這是他教我的第二件事。

最後的一件事，是父親過世要火化的那一刻。我看到不管是坐著賓

士來悼念的，騎著摩托車來的，或走路來的親戚朋友，其實父親的人生就是這樣。過去都是假的，回歸自己想要做的，沒有遺憾了才是真的。

父母是孩子人生的先行者，
也是死亡的先行者，
從生至死的歷程，
一直不斷地告訴我們很多事情。

從社會三大動脈洞燭先機

　　家裡破產後，母親為幫忙還債，回到屏東娘家開石頭火鍋店。只是命運的捉弄沒有停止，高二那年，母親發生車禍昏迷了三天，第四天醒來，醫生卻告知腳的部分必須鋸掉。為了照顧母親，每個不用上學的假日，我從新營下屏東幫忙做生意，站在石頭火鍋前幫客人炒肉。當時曾一度想休學去工作幫忙賺錢，但父母告誡我們「就是再苦也要撐下去」。

　　在我大學畢業後，小我兩歲的妹妹還在唸書。背負債務的壓力，讓我選擇進入當時一年收入可以多 30 萬的警官隊，負責安全勤務。那時家裡尚有 300 多萬的負債，我在隊裡「招會仔（俗稱的互助會）」起了 5 個會，會錢加起來有 300 萬。拿到 300 萬的時候，我做了一件很開心的事──回到嘉義朴子農會還錢。因為已經好一陣子沒有錢可以還，農會裏理一見到我就揶揄說：「你不是那個誰的小孩，沒錢你來幹嘛！」接著，我把一大袋現金丟在櫃台，回應他：「我來還錢，這300 萬拿去，以後不要囉嗦。」

　　在這之後，我利用晚上、休假的時間兼差開計程車還會錢。經濟狀

況稍微穩定後，便開始準備其他資格考試，像是司法官、土地代書、中醫……，什麼都去考、什麼都去試，為的就是希望能多賺一點錢。其中，準備司法官考試的期間，聽到一位從法官之位辭職、自己開業的律師，他在補習班兼課時曾提出「構築社會三大動脈」的論點。

第一動脈是「語言」

語言可以協助你掌握最新知識，和他人做出區隔性，進而創造商機。阿里巴巴董事局主席馬雲在 2016 年來台演講中，也提到自己的三大創業體驗之一——學習英文，讓他了解西方的思考方式。而這部分我當時已在淡江大學修習英文與西班牙文。

第二動脈是「法律」

法律能讓你在安全的狀況下做事業規畫，避免走錯路。而我準備司法考試有 4、6 年的經驗，對於基本六法的知識相當足夠。

第三動脈是「資訊」

資訊的搜集與分析能節省很多不必要的浪費，察覺別人看不到的社會脈動，可以運用的速度和別人不同。這點是促使我回到中央警察大學唸資訊管理研究所的起因，一路就跟著資訊的路子走到今日，不僅在警政署服務時能發揮所長，也造就了之後在餐飲事業以資料採礦分析的經營優勢。

為現代人量身企畫的火鍋提案

　　經商的家庭背景，讓我對從事餐飲服務業，特別是火鍋店的經營運作和飲食方式情有獨鍾，更明確來說的話，我希望透過創立事業掌控自己的人生。而且職業無貴賤，做任何行業都好，只要認真做，沒有什麼看不起、看得起的問題，最重要的是對於自己本身工作的尊重和專業面的強化。

　　所以到了 42 歲，我也成了社會大眾口中的「中年創業／轉職者」，中間投資過的餐飲業開開關關不少，儘管一路跌跌撞撞，卻也奠定了今日酸菜白肉鍋事業的基石，在既有的火鍋吃到飽飲食文化中尋求顛覆創新，也打造出新穎的科學化經營模式：

1. **自營品牌創新力：**在台灣，酸菜白肉鍋僅是眾多火鍋種類中的一種，認真來說，比起麻辣鍋、昆布湯底，它其實稱不上主流湯底，甚至可能在年輕人心中有點老派。但我於酸菜白肉鍋餐廳的經營企畫從品牌設計、用餐環境、吃到飽的平價定位等，多方面展現革新面貌，要讓不同年齡層的客群走進來聚餐，透過吃飯這件事，做到人與人的情感連結互動，宛若隨時都可以在此圍爐的好所在。

2. **從產地到餐桌的食材革命：**這家餐廳的吃到飽，沒有琳琅滿目上百

種的食材選擇，也沒有花俏的冰淇淋和蛋糕甜點，但每一種能被放上菜單的品項都經過層層嚴選把關。其中，用來製作酸菜的主角——優質高麗菜，秉持著從產地到餐桌的概念與小農契作，提升在地經濟價值，從源頭就有效確保吃的新鮮、安心又健康。我們所製作的酸菜以海鹽與金門高粱按古法自然發酵而成，每桶皆有專人根據溫濕度、菌種狀況日日悉心照料。在研發的過程中，我們也發現高麗菜的抑菌效果優於大白菜，其耐久煮且保有爽脆口感，激發研發團隊將過去的酸菜作法提升轉化成更好的食材！

3. **奠基大數據的餐飲獲利模式：** 10 年前台灣火鍋業的加盟連鎖品牌崛起，所開設的 100 間加盟店中有 50 間在第一年會收掉，這個情況在近年加劇，100 間加盟店中有高達 70 間店在第一年會收掉，創業失敗率節節攀升。國內火鍋業存活率如此低的原因，並不完全是那些品牌做得不好，而是開店門檻低又缺乏經營防火牆的建立，導致整個市場太過競爭，毫無利潤空間。

商業一向是冒險的行為，按著地圖是沒辦法找到新大陸。每一個環節比其他業者更用心的我們，究竟看到了什麼立基點選擇投入台灣餐飲市場？很重要的一個關鍵管理技術在於「資料採礦」，這使我們能很精準的判斷事物，而非在餐飲業中亂槍打鳥企求當個一時的網紅店。

最好的證明就是：我們所經營的酸菜白肉鍋餐廳能在開店 8 個月後達到回收獲利，歷經 6 年來的統計數據也顯示消費者回流率超過 8 成！

創業資金從來不是個問題

　　開創了自己的火鍋店品牌後，偶爾接受媒體記者採訪時，不免會被詢問「給中年轉職、青年創業的建議」，這個問題我想可以就兩個部分來談。

　　第一個部分是個人本身的人格特質。我必須承認自己是一個無可救藥的樂觀主義者，這點也是多數創業者身上具有的特質──當你對事物抱持希望，總覺得撐一下、再撐一下，成功應該就在前面了。

　　當然，我也曾經因為想兼顧的太多，而在早期使一間每月賺 60 萬的火鍋店，出現一個月 40 萬的虧損，一來一往等於虧了 100 萬。全是因為無法親身管理而導致。即便費心聘請了一位店經理總攬店務管理，那間店硬撐了兩年後，最後以賠本 1,200 萬收場。

　　我在那時才體認到「一個人要的太多，就什麼都要不到了」。家庭背景的因素，讓我從小對做生意耳濡目染；進入警官大學，有別於一般大學玩 4 年的生活，過的是早上 6 點起床、晚上 11 點就寢的規律生活，透過不同的社團、帶隊生活經驗，改變我能以正面積極的態度看

待人事物，不再像以前那麼被動，也更清楚知道只要盡力爭取，翻轉人生的機會就在不遠處。

而在出社會進入警界服務後，面對「死亡是警察工作之一」的環境下，讓我看見很多長官的能量與看事情的角度，其實是深遠且強大的。這些都持續累積、修正出我待人處事的方式與危機管理能力。

第二個給創業者的忠告是「寶劍出鞘要趁早」，你才會知道你的劍到底要磨得多亮、多利。你可能會接著問：什麼樣的時機點才算早？大多數的人勢必會去檢視有關個人的學識基礎、專業背景，還有資金籌措的部分，但我認為這些都不是問題，重點反而在於你平常對於商機的觀察和評估，以及不斷的去模擬實踐的可能性，然後掌握時機讓寶劍出鞘。

很多人容易卡在錢的方面過不去、被身邊的親友質疑經濟問題，但你該讓創業資金阻擾好的想法嗎？看看馬雲吧！他當初開創阿里巴巴時，手頭上也只有50萬人民幣，但是他拿著自己的提案企畫到處遊說，讓可能的投資者願意接受他所有的想法。由此可見，創業資金從來都不是問題，而是你的想法夠不夠周延、你看事情的角度是不是能跳脫一般人的層面，在向目標投資者提案時是否能使其信服。創業本身是一個創新的過程，是創新組合現有產業的過程，之所以稱為「創業」，並不代表你一定得要有資金作為本位，反而是你的事業計畫想法如何才是最重要的。

寶劍出鞘要趁早，這「趁早」二字指的是，你的事業計畫是否已經足夠完善到可以公開面對市場考驗、專業經理人的檢視。這把劍出鞘後是成是敗，奠基於你對事物的觀察有沒有創新能力，有沒有符合這個社會所期待的供給需求面，因為萬事萬物間一定是有需求產生，才有供給。

所有的商業活動離不開食衣住行育樂，先從中選擇你喜歡的、愛好的是哪項。但也提醒現今的新手創業者必須認知到，這個時代幾乎已經很少有新創事業（新產品），不是像以前如牛頓萬有吸引力這樣一個知識學程就能夠影響上百年。近年能拿到諾貝爾獎的研究或貢獻，多是來自跨產業組合的劃時代結晶，因此創業的利基點應找出組合現有時代的需求，而且你的速度得跑得很快，一旦錯過了「趁早」，你可能連出鞘的機會都沒有。

創業，是一場耐力賽，它比的不是誰的氣粗，而是誰的氣長。培養出健全的心態或當個像我一樣的無可救藥的樂觀主義者，堅信自己的眼光是對的，只要努力、再多努力一點，沒有什麼問題是不能夠解決。10 多年的創業歷程，我發現貴人通常都是自己創造出來的，不是求來的，這些人脈資源只要時機到了，自然會主動來幫你。

美籍黎巴嫩阿拉伯作家紀伯倫（Kahlil Gibran）在其代表作《先知》一書中，有一首詩是這麼闡述的，孩子是你手中所放出去的那支箭，當你那支箭放出去的時候，已經給他拉好方向；接著，他是靠著風，

隨風搖曳，能飄到很遠、很遠。這如同我今日對於酸菜白肉鍋餐飲品牌的培育，經過 16 年來與消費市場磨合、調整，遭遇過挫折也懂得適時修正，對於下一步已經找好方向，與我同行的夥伴也擁有一致的想法與目標。

下一步，我將用 6 年的時間與團隊成就出一個更好的願景，而這本書的出版是讓消費者、未來的夥伴對我們認識的一個開始。

開一家店
成就不一樣的人生

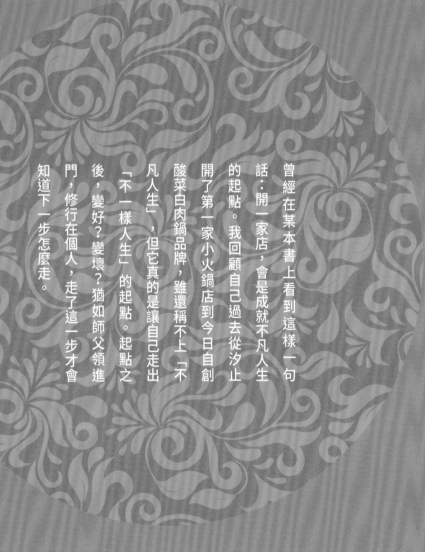

曾經在某本書上看到這樣一句話：開一家店，會是成就不凡人生的起點。我回顧自己過去從汐止開了第一家小火鍋店到今日自創酸菜白肉鍋品牌，雖還稱不上「不凡人生」，但它真的是讓自己走出「不一樣人生」的起點。起點之後，變好？變壞？猶如師父領進門，修行在個人，走了這一步才會知道下一步怎麼走。

早期投入最熱門的小火鍋創業，到今日的吃到飽酸菜白肉鍋，接著推出鴛鴦鍋，看似走回頭路，其實是率先洞悉整個市場趨勢脈動的追尋。

　　做決策前，風向球最好的定位點就在中間，但通常當下的現實環境沒辦法把這個風向球推到中間去，經營者只能先將前進的步伐定義在當前某個最好的位置，慢慢蓄積能量、等待時機把它往前推到中心點。

　　身為老鳥經營者的體悟是：所有決策 80% 的經驗值取決於「它不是最好，而是現在比較好」。雙腳跨出當下這一步，下一步往哪走才會明朗。也是因為創業過程裡的衝撞歷練，造就出一個品牌的壯大，那些為大眾所知所接受的品牌絕非無中生有，通常都是淬鍊出來的。

酸菜白肉鍋淵源與文化底蘊

　　瀋陽故宮中有一展館對酸菜白肉鍋的介紹談到：「吃火鍋是滿族的飲食文化之一，早期女真人行軍打獵都要帶著火鍋，各種飛禽走獸都可入鍋，風味獨特。由於滿族以狩獵為主，滿族男子皆有一把自己的解食刀，用以拆解肉類，此為其古老飲食遺風。」

　　滿族入主中原成為統治者後，酸菜火鍋的食俗跟著風靡中國各地。據傳，嘉慶元年的「千叟宴」滿席就有火鍋這一品，在皇族的帶頭下，火鍋迅速地風行全國。滿族在吃火鍋時必佐以酸菜，原因是東北居住環境嚴苛，每到冬季更是酷寒無比，根本難以栽種蔬菜，故居住於東北三省一帶的人們會在入秋後開始製作各類醃漬蔬菜，準備過冬。

　　以大白菜醃漬而成的酸菜，家家戶戶都有自己醃漬酸白菜的特殊手法，可儲存長達 3 個月至半年。而以酸菜製作的料理變化萬千，是為東北地區飲食特色。特別是每逢過年的時候，他們會殺上一條豬，將好的豬肉分食，所剩的內臟或次要部位，丟進炕上的酸菜大鍋烹煮，即俗稱的「殺豬菜」。聽說就這一酸菜大鍋，可以讓他們吃上好長一段時間。

滿族在吃火鍋時必佐以酸菜，
原因是東北居住環境嚴苛，
每到冬季更是酷寒無比，根本難以栽種蔬菜，
故居住於東北三省一帶的人們會在入秋後
開始製作各類醃漬蔬菜，準備過冬。

酸菜白肉鍋自營品牌的誕生

　　過去近 20 年經營小火鍋的經驗,讓我看盡台灣餐飲業的興衰,因緣際會之下,一位專擅酸菜白肉鍋的主廚將我從小火鍋餐飲帶進了大火鍋的世界,開創了以高麗菜製作酸菜為特色的「東北之家酸菜白肉鍋」。

　　在華人文化中,同桌吃飯是拉近人與人之間距離的方式。早期交通與通訊網路的不便,與遠方親友久久聚上一次的圍爐顯得彌足珍貴;21 世紀的今日,3C 科技的進步強化了現代人的溝通連結,有時連開會都能透過視訊解決,取代了舟車勞頓的時空因素,相對減少了人與人見面的機會,唯有一件事是需要面對面坐下來的,那就是「吃飯」。我們以此為出發點,呈現以「圍爐」為核心的餐飲品牌文化,從這個中心概念發散到企業內部組織各個層面,並向下擴及供應商端,最終期望能深植到社會大眾心中,讓熱鬧同桌吃飯不再是一年一度要做的事,而是隨時都能呼朋引伴,活在當下。

　　2 個人來吃飯,你一句他一句,不用幾句話可能就詞窮了,當多加幾個人進來後,4 個人坐在一起吃飯,那對話有時得用搶的,才能插上一句話,這種歡樂氛圍對於人的幸福感會留下深刻記憶。我們從圍

爐的概念發想品牌名稱，期盼創作出人與人的情感連結場域，家的團圓感覺就上來了，酸菜白肉鍋品牌名稱便是由此而來。

頭 3 年營運順利，當時的酸菜白肉鍋湯頭便以具有外省人思鄉情懷的老味道聞名，搭配與時俱進的新穎選材，滿足口腹之慾，亦兼顧健康、有機的新飲食觀念。只是在經營邁入第 4 年，我一個台灣囝仔對於真正北方人的酸菜白肉鍋滋味如何，滿懷好奇，故而萌生追本溯源的念頭，遂開啟了瀋陽探訪之旅，拜訪當地以料理酸菜白肉鍋聞名的餐廳——鹿鳴春，這趟尋根旅程不僅受到東北人的熱情招待，了解地道的東北酸菜作法，同時也在我心中埋下日後為品牌正名的種子，這段轉折容我於本章文末再述，先從原本的酸菜白肉鍋品牌聊起吧！

自創革命力從小火鍋到大火鍋

　　如果當初我只是遵循現成的老路子走，要開一家在台灣餐飲市場佔有一席之地的餐廳不難，但過往的餐飲經驗，加上中間短暫接觸農水產生技領域，為考察設點走訪東南亞、大陸等地而擴大視野，使我對酸菜白肉鍋的餐飲規畫，於一開始就有不一樣的經營思維，企圖在傳統食俗中尋變革，在吃到飽餐廳求精緻，在餐飲業內創革命，在台灣土地種優質蔬菜。

　　最初的酸菜白肉品牌商標設計即可略知一二，綠底襯著鍋具煙囪與正熱騰騰冒著的白煙，有別於老式酸菜白肉鍋餐廳傳統的用餐環境，以高麗菜的綠色為品牌色系，延伸至店鋪裝潢走的是具現代簡潔風格的質感設計，而一般普遍認為吃酸菜白肉鍋必備中間有煙囪銅鍋，並以炭燒燉煮才道地。在考量操作實用性與用餐通風之安全性，改設置電磁爐烹煮，並延請手工打造不銹鋼鍋具的師傅製作火鍋鍋具，此一鍋具仍保有煙囪設計，雖無功能性但保留其所代表的意象。

　　從小火鍋發展到大火鍋模式，能在短時間內設立品牌方針、獲利回本，除了基於小火鍋事業的經驗累積之外，很大部分的成功仰賴站在

第一線面對消費者的夥伴們，他們是來自我在汐止開小火鍋店時的工作團隊。雖然同樣是吃火鍋，小火鍋的作業流程與吃到飽餐廳在內外場動線設計、訂位與消費方式等，還是有相當大的差異性，對一線夥伴來說，就像是迎戰全新的工作場所，很多面向都得拋掉過去的模式，從零開始學習。為了配合公司的要求與堅持，有好一陣子每個人都被唸得很慘，但夥伴們都能明白我是對事不對人並堅持下來，回想草創階段，對信任我的夥伴滿懷感謝！

第一間店插旗科學園區

第一間店我選擇插旗科學園區，一度跌破眾人的眼鏡，畢竟通常吃到飽餐廳無非是往商圈或校區攻城掠地，透過人流帶動品牌知名度，以通勤上班族為主的科學園區，宛若獨立科技小鎮，非 IT 業或新創公司不入，每到周末更像是座空城。

曾經被認為是美食沙漠的科學園區，隨著園區企業的發展與捷運通車後，目前整個科學園區所容納的企業超過 3 千家，每日通勤人數有9 萬多人，深具餐飲商機，許多美食餐廳在這幾年紛紛進駐，但這個區域於當時卻是連一家火鍋店也沒有。為什麼會做出如此看似大膽冒險的決定？實則與最初的目標消費者設定有關，我們希望從年輕族群培養出適口性與對品牌的認知度，跳脫過往酸菜白肉鍋多屬中年或中高年齡層聚餐偏好的既定印象，而內科產業特質的確呈現以青壯年為主的上班族。

科學園區店於 2013 年 7 月 1 日開幕，還記得 6 月的某一天，我到店裡監工裝潢進度，正準備走出店門時，恰巧聽到經過的上班族向身邊的朋友說：「這老闆瘋了！要在 7 月大熱天開火鍋店……」事實證明，

開幕的頭 2 個月每天客滿，消費人數超過 1 萬人次，足見我們所打造的酸菜白肉鍋其好口碑很快的於內科傳播開來，接著迎上冬季，生意依舊暢旺。上下兩層樓總地坪約 65 坪，可容納座位數 150 個，每月營運成本固定支出約 80 至 90 萬，冬季月淨利可達 100 萬。淨利展現漂亮，自然將創業投入的 600 萬在 8 個月內就回本了。

在考量操作實用性與用餐通風之安全性，改設置電磁爐烹煮，並延請手工打造不銹鋼鍋具的師傅製作火鍋鍋具，此一鍋具仍保有煙囪設計，雖無功能性但保留其所代表的意象。

2020 歡迎來到東北之家

近年對岸知名餐飲品牌喜茶與瑞幸咖啡，透過資本市場的操作以快速擴張的魔力席捲中國。其中，原名「皇家」的喜茶，也走過改名這條路，重新打造出品牌力。回到前文提及的瀋陽尋根之旅，結束後回到台灣，內心就一直有個聲音：「要不要改名為『東北之家』？」直到 2019 年下半年，終於決定將原有的酸菜白肉鍋改名為「東北之家」。

很多老朋友聽聞此事，第一時間的反應大多是問我：「你已在餐飲業將近 6 年所累積的品牌聲量，不覺得可惜嗎？」的確，「原有的品牌名是希望連繫不同的人進到餐廳來，對身為品牌創辦人的我而言，深具意義，這些年於社群媒體、行銷資源方面亦投放了不少功夫。坦白說，要做這個決定之前，我的內心自是充滿方方面面的交戰，不然不會放在心中足足 3 年之久。只是在規劃擴點的期間，向中南部朋友，甚至國外的夥伴進行品牌名稱的市場調查，很顯然的，「東北之家」與酸菜白肉鍋的連結性是較強的，就算是對酸菜白肉鍋不熟悉的消費者，也能從字面上了解賣得是東北家常菜的餐廳，這點恰恰是未來發展品牌加盟所需要的。

　　進化是艱險的，而這個改變也呼應了達爾文的「演化論」，決定物種競爭存續的重要因素在於演化過程。將「物競天擇，適者生存，不適者淘汰」之論點放到商業經營來看，把酸菜白肉鍋品牌進化到另一個層次是必經過程。其次，歐美先進企業於企業識別系統的進化推動非常快速，因應時代變遷，藉由新品牌 Logo 順勢推出嶄新的服務方式和經營理念，合乎現代經營需求之餘，更能與時下消費者產生特殊情感交流。所以，在新品牌名稱——「東北之家」推出的同時，不僅是讓我們的酸菜白肉鍋回歸其菜系本質，也將對消費者和市場帶來新的刺激。

創業思考題

如果今天要去加盟一個體系，建議對該品牌總部問2個問題：

Q1 你有沒有團隊，這個團隊組成是怎麼樣的成員？

如果你告訴我這個團隊的資經歷顯赫；那下一個要提出的問題是：

Q2 這個團隊的年資有多久？

有管理經驗的人便能清楚了解，就算團隊資經歷顯赫，但初期很可能是靠強勢領導者經營團隊，因為團隊成員間的默契展現與向心力是需要時間與事件的磨合。

台灣在地的酸菜白肉鍋

市面上部分火鍋業者為了因應成本與人力、時間上的考量，湯底內容採用高湯粉搭配調製，特別是供應有多種湯底選擇的平價小火鍋模式，確實有其必要性。使用高湯粉並非一定與人們所害怕的化學香料畫上等號；事實上，飲食科學的進步已讓食品研發商能根據其專業研發技術，開發出以經過政府單位認證合格為前提，並符合市場需求的高湯粉味道。但我開的火鍋店於湯頭層次的展現下足了功夫，從種一顆高麗菜開始做起。

喜歡吃火鍋，除了源於自己對這種烹飪方式的熟悉之外，也受到國內自然食材培育創始者——歐陽瓊老師的影響。歐陽瓊長期致力推廣自然飲食的食療方法，其核心概念在於「全食主義」，強調每一餐的內容要有澱粉、蛋白質與蔬果。綜觀所有的飲食方式，唯有火鍋能一次滿足人體所需營養與能量，有飯有麵可選，涮魚、涮肉、涮菜一應俱全，其烹飪方式相較於煎煮炒炸而言，更是清淡、便利又快速。

　　有了健全營養的全食物食材為基礎，開創屬於台灣人的酸菜白肉鍋要追求的是「到位的優越性」與「客觀化的定位」。我常跟夥伴開玩笑說：「餐廳的口味不到位，消費者為什麼要來我們這裡吃飯？他在家裡煮就好了啊！就是因為到位，就是因為你能提供一個有別於他人的飲食感受，顧客才願意花錢來用餐。」

到位的風味與平民化價格

　　站在同理的角度思維，當人們決定去吃一家餐廳往往取決於「風味」，蒙古烤肉、麻辣鍋、越南河粉、日本壽司等，都是一種風味的代表。我們於酸菜白肉鍋所追求的到位，是從根本食材——製作酸菜的高麗菜之契作開始，從土地的培育逐步展開到最重要的湯頭熬煮；甚至研發出來到這家餐廳必嘗的「絕妙滋味」：酸菜、豬五花、蔥油餅與涼拌冬粉絲，它們是這家酸菜白肉鍋店的自豪之品，因為我們所供應的食材不僅是「自己敢吃」而來，更是「究極」的職人手藝之選。藉此走出自己獨樹一格的系統，那便是要從到位之後再邁向健康取向的差異性，甚至創造優越性。

　　那麼何謂「客觀化的定位」？這要說的便是平民化的價格。大部分火鍋店的消費模式，光鍋底本身就是一個價格，更不用說其他食材採單點制，有些甚至連醬料都須收費，兩個人吃一餐下來上千元跑不掉，可能還吃得不滿足。反觀，我們的定價策略與消費方式是「All You Can Eat」的 460 元平價吃到飽的模式。奠基於一個完全不受景氣好壞影響的選擇，消費者來到這裡可以吃得豐富，即便是親朋好友間聚餐，也不用顧慮「點得太少大家沒吃飽，點得太多錢帶不夠」，又或者要顧及每個人口味喜好不同的問題。

東北之家來電顧客問卷回饋！
喜愛東北之家的原因

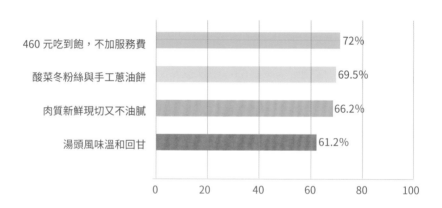

項目	百分比
460 元吃到飽，不加服務費	72%
酸菜冬粉絲與手工蔥油餅	69.5%
肉質新鮮現切又不油膩	66.2%
湯頭風味溫和回甘	61.2%

我們認為吃到飽是讓人自在、無須擔心荷包的用餐方式，也是屬於顯性的價格認知。看到這裡，有人可能會對吃到飽嗤之以鼻，這不好的感受通常來自採開放式陳列食材，所產生的凌亂取餐方式感覺很low、食材水平一般般、缺東缺西等的既定印象。但我在一開始創立吃到飽酸菜白肉鍋餐廳的初衷，欲營造的路線就是一個有質感的品牌形象；在常見的四人座之外，我們安插了大圓桌、包廂設計，提供很不一樣的用餐處所，讓有特殊聚餐需求的顧客能夠開懷、盡興的用餐。這是一般吃到飽餐廳所沒有的隱性思維，也是我們在市場區隔方面對單一消費價格策略的認知革新。而我們整體呈現的食材水平與服務水平也致力跳脫一般吃到飽給人質感不佳的刻板印象。

其次，透過「抬腿政策」的吃到飽點餐方式，顧客不需要離開座位與別人搶食，翹著腿、安坐在椅子上舉個手，就有人來為你點餐。更重要的是，我們所供應的食材於開業以來，持續自我顛覆，挑戰食材從產地到餐桌的可能性，陸續與各路優秀職人合作，帶動在地經濟價值，共同專注於安心、優質有機、天然的食材。

絕妙滋味

酸菜

高麗菜抑菌效果較大白菜好，因而發酵後風味更佳，再以海鹽及金門高粱按古法自然發酵，悉心照料而成，其耐久煮且保有爽脆口感。

涼拌冬粉絲　私房菜

川燙後並冰鎮後的冬粉絲，再拌入殺青過的青木瓜絲，嚐起來酸酸脆脆，十分開胃。

蔥油餅

使用頂級粉心粉、自製豬油及宜蘭蔥，並輔以獨家麵團工法，純手工桿製，帶出麵糊延展性及薄度，麵皮香十足，外酥內Q。

豬五花

採用新鮮的台灣本土豬胸腹肉，胸腹肉脂肪軟嫩，經多道工法處理，已去除大部分的油脂，肉質Q彈、無腥羶味，肉香豐厚。

私房小秘密

涮煮過的豬五花包裹川燙過的酸菜，搭配蔥花、韭花與主廚特調醬，可享受到多層次的口感喔！

圖片食材，以實際供應為主

鎮店之寶：具益菌的活酸菜

我們在製作酸菜白肉鍋所追求的到位，是從根本食材即製作酸菜的原料——高麗菜之契作開始，從土地的培育逐步展開到最重要的湯頭熬煮，走出獨樹一格的系統，那便是要從到位之後再邁向健康取向的差異性，甚至創造優越性。

納豆是日本常見的傳統發酵食品，是藉由菌種發酵所釋放的酵素，轉化蒸煮過黃豆的營養成分所製成的豆製品。其發酵過程產生多種生理活性物質，具有溶解體內纖維蛋白及其他調節生理機能的保健作用。反觀，我們的鎮店之寶「酸菜」，有別於一般醃酸白菜的作法，採用的是以「高麗菜」作為酸菜白肉鍋中最關鍵的要角，並和納豆一樣運用「對的菌系」產生發酵過程，改良醃漬作法可能產生亞硝酸的問題。

使用本地高麗菜取代進口的山東白菜，好處是酸菜成品的口感更為清脆爽口，加上以天然海鹽自然發酵而成，全程純手工製造，沒有刺鼻的酸味。在火鍋中烹煮時，還會持續釋放出優良酵母菌的清香，烹煮 30 分鐘後，湯頭呈現自然回甘的美味。

東北之家的發酵食品

日常食品中常見的發酵食品有酒類、醬油、酸菜、奶酪、豆腐乳及饅頭等,「發酵 (fermentation)」是以微生物生理活動引起的化學變化,將有機物分解轉變成小分子,攝取後對人體產生有益物質的現象,發酵食品通常具備有下列六大優點:

1. 增加身體的吸收效率

微生物在發酵過程中,會產生維生素、胺基酸等人體不可或缺的營養素。例如:黃豆發酵成味噌之後會產生許多維生素,其中包括素食者最常缺乏的 B_{12},因此,吃味噌的好處可說比吃黃豆更多。而吃泡菜、酸菜,也比直接吃蔬菜的營養成分還要高。此外,發酵食品可使食物的營養成分小分子化,增加身體的吸收效率,讓老人、小孩等腸胃功能較不好的人,也可以從中獲得充足的營養素。

2. 增加食物酵素的攝取量,有益健康

酵素營養學之父艾德華‧賀威爾博士(Dr. Edward Howell)曾經提出一個口號:「你的酵素決定你的壽命!」因為人體內一生中的潛在酵素,在一出生時就已經決定了。人體大約有六十兆細胞,但是身體

能製造的酵素有限，而且體內的潛在酵素只會越用越少、越老越少，所以一定要從食物當中多攝取酵素，維持正常生理機能及身體所需的能量。

3. 有助食物「預消化」，改善代謝功能

發酵食物能讓蛋白質、澱粉等營養素，在發酵過程中先進行「預消化」來分解物質，這樣一來，身體的負擔就會降低，更能保留住體內的潛在酵素，將它們運用在其他身體機能上，這就是身體能量轉換的原理———一旦這邊用得少，那邊就用得多，我們的身體代謝功能才會正常。現代人會產生很多慢性病，就是因為體內酵素「入不敷出」。有許多人因為「過食」，長期處於慢性消化不良的狀態，造成消化系統不少的負擔。因此發酵食物的另一個功能，就是對身體酵素的節約有很大的幫助，能夠增加延年益壽的機會。

4. 調整腸道環境，增強人體免疫力

亞洲人有越來越多腸道方面的問題，包含腸躁症、憩室症、大腸癌、胃癌、食道癌，尤其大腸癌更位居許多國家十大死因之冠。腸道是我們的第二個腦，有「副腦」之稱，跟人體的免疫系統也有非常直接的關係。我常說，腸道環境不佳，人體免疫力就會降低；腸道不健康，全身就不健康。發酵食物不易腐敗而能持久保存的理由，是因為含有豐富的微生物，可以抑制某些腐敗菌及雜菌增生，稱為「微生物的拮抗作用」。因此，若要調整腸道、提高免疫力，就要增加腸道內的好菌、減少壞菌，例如：我們熟知的「乳酸菌」就能夠增加腸道的益菌，維

持腸道功能正常運作。除了乳酸菌以外，像納豆菌、益生菌的生成物，也可以達到改善腸胃健康、提高免疫力的功能。

5. 預防心血管疾病

現代人的外食機會非常多，很容易攝取過多的動物性脂肪，加上缺乏運動，許多人有明顯的「三高」（膽固醇高、血糖高、血壓高）問題。而且不只是銀髮族，很多年輕人及兒童也會因代謝問題而產生心血管疾病。在發酵食物中，豆類食物尤其含有非常豐富的抗血栓成分，可以有效溶解血液中栓塞的物質，達到預防動脈硬化、降低血壓的功效。紅葡萄酒也是發酵食物的一種，每天小酌一小杯（120c.c. 以內），可以讓血液保持弱鹼性、強化微血管，並且保持血管壁的彈性，有助於預防心血管疾病。

6. 預防癌症

日本人吃味噌的歷史悠久。已有研究發現，每天喝味噌湯的人，罹癌的機率比完全不喝的人低。這是因為在製作味噌的發酵過程中，會藉由麴菌產生有益身體的物質，例如糙米酵素便具有強烈的抗癌特性。發酵食物中也含有豐富的膳食纖維，可以預防腸、胃方面的疾病，調整身體機能，以及增加抵抗力等，這些皆有助於降低罹癌的風險。

東北之家的發酵食品有：
1. **酸菜**：酸菜發酵是乳酸桿菌分解白菜中糖類產生乳酸的結果。乳酸是一種有機酸，它被人體吸收後能增進食慾，促進消化，同時，白

菜變酸,其所含營養成分不易損失。 酸菜還能預防便秘及腸炎,降低血液膽固醇含量,降低肝脂肪濃度,有保持胃腸道正常生理功能之功效。

2. **豆腐乳:** 豆腐乳中維生素 B 群的含量很豐富,常吃不僅可以補充維生素 B_{12},還能夠預防老人痴呆證,且豆腐乳富含植物蛋白質,經過發酵後,蛋白質分解為各種胺基酸,又產生了酵母等物質,故能增進食欲,又能幫助消化。

3. **韭花醬:** 韭花食之能生津開胃,增强食欲,促进消化。韭花富含钙、磷、鐵、胡蘿蔔素、核黃素、抗壞血酸等有益健康的成分

4. **老麵饅頭:** 可降低餐後血糖值、可增加身體對礦物質的使用率、降低體內植酸的含量 (植酸太高會影響體內對鈣質吸收的能力)、可增加饅頭營養價值 (其中的乳酸菌可促進維生素合成及酵素產生、產生抗菌物質、增強免疫力、降低大腸癌之風險、生產有機酸、降低腸 pH、和有害菌競爭養份、減少有害菌增殖場所)。

革新的高麗菜古法發酵

　　網路資訊、食譜書皆有很多製作醃酸白菜的作法，在溫度、濕度與鹽度三者的促發下產生發酵作用。走一趟傳統市場，很容易能看到坊間擺出一盆盆醃漬好的酸菜（芥菜醃漬）、醬瓜、榨菜或真空分裝品，這類醃漬品的作法很簡單，不外乎灑上大量鹽巴，再用重物或石頭壓制，最後等待蔬果出水到變色。此一製作過程會產生發酵作用，但好菌、壞菌也都往裡頭跑，當壞菌旺盛、排他性強時，好菌便會被吞噬，如同培養皿裡的細菌，滴進一滴糖，糖吃完後，細菌一定大量死亡。這時產生亞硝酸的速度跟著變快，發酵過頭就成了醃漬品。

　　什麼才是對的好菌？有助於發酵過程穩定，不致成為死菌產生亞硝酸，其中的微妙之處，在自己親手製作酸菜前，坦白說，我也是知其然，不知其所以然。曾經有足足兩年的時間，幾近瘋狂的在廚房進行高麗菜的酸菜發酵實驗，該加多少比例的鹽、為什麼會冒泡、要不要加水加果醋……，為什麼會這樣？為什麼會那樣？種種狀況除了不斷研磨，就是找科學論據來釐清問題。為了解決心中尚存的疑惑，我做了兩件事。

　　為求一探東北人究竟怎麼做酸菜白肉鍋，決定來趟取經之旅。2016年，透過香港朋友的協助，獨自一人前往東北瀋陽，只為拜訪一間有300年歷史、以製作酸菜燉白肉聞名的老店——鹿鳴春，據傳蔣中正與毛澤東也曾來這大啖酸菜白肉鍋。當時鹿鳴春的主廚肖亮親自為我示範東北傳統工法，一顆東北大白菜只取中間最漂亮、白皙的葉莖精華，捨掉葉片，經過特殊刀工處理，施以自家傳統菌種，配合季節變化來照顧酸白菜，最後成就出高檔的酸菜白肉鍋。經由老師傅的解說，解決了不少原本對製作原理上的疑問，但我心裡清楚這還不夠，尚有一件最關鍵的事需要釐清。

鹿鳴春的主廚肖亮親自為我示範東北傳統的酸白菜醃漬工法，令我豁然開朗；解決了不少原本對製作原理上的疑問。

回到台灣後，我找了一天埋首於政治大學社資中心，一篇探討高麗菜與大白菜的論文讓我定下了心。該項研究將高麗菜與大白菜置於同樣的發酵環境設定，分析其各自產生的含菌素，結果發現高麗菜發酵後產生的益菌效果比大白菜好得多，擁有很高的素質。進而確定我們於高麗菜酸菜的製作手藝，能將酸菜白肉鍋的飲食文化帶領到更好的層次。事實上，應用高麗菜所製作的酸菜於火鍋烹煮時香氣十足，且經烹煮後會轉化甜、轉化酶，是酸白菜所沒能發揮的效果。這段歷程現在回想起來都覺得實在不容易，但也因為不間斷的自我辯證，踏實地走過每一步，找到適合的菌種，了解對溫濕度與鹽的控管調配，以產出更優質的發酵結果，為酸菜白肉鍋的風味奠定下堅不可摧的基石。

這也是為什麼我們開業沒多久，幾位北京來的客人吃過後會說：「你這酸菜白肉比我們那的好吃太多了！」其實就是找到對的菌種，才能取勝於北方人家家戶戶都會做的家常料理。好比做麵包，好的酵母菌一公克可以賣到上萬塊錢，就為了麵包經發酵、烘焙後，那咬下的第一口麵粉香與兼具外酥內軟的彈牙感。所以，好的酵母菌特別貴不是沒有原因，之中還包含了前人無數次的失敗經驗。

一步步的技術積累雖不是創新，但也算得上是革新，沒有人說過去的食材不能被演化成更好的食材。就像開店以來，每每接受媒體採訪時，記者問道：「為什麼不用炭燒銅鍋的作法？這樣才道地啊！」我不禁反問：「如果可以用瓦斯爐，我們還會去上山砍柴嗎？」也因此，

長久以來，
我們的經營思維著重於各面向的質感提升，
有好的東西就該與時俱進。

我們選擇投入高成本安裝電磁爐進行加熱控溫，一來能避免燒炭火鍋造成一氧化碳中毒事件的發生，二來也環保。長久以來，我們的經營思維著重於各面向的質感提升，有好的東西就該與時俱進，而不是過去別人怎麼做便一昧地跟隨。我常對夥伴們說，一顆松樹的種子和一顆綠豆的種子，同樣是種子，綠豆種子比松樹孢子還大，松樹孢子很細，但其生命力可以長到百年古木參天，綠豆卻只有 1 天，松樹孢子的信念和累積的能量勝過了綠豆種子的大小，這不就闡明了信念有多大世界就有多大，但是你必須要先決定你要怎麼做。

時至今日，我們於酸菜製作不僅傳承了東北百年老店作法的經驗值，同時依據科學檢驗數據做了改良，並做到菌種的延續性。儘管通透了一切，要照顧一桶桶發酵中、具生命力的酸菜，仍不是一件容易的事，完全僅能以「古法手工製作」，也就是經驗值的傳承。經過試吃，品嘗發酵後的味道夠不夠、香氣足不足，我們的舌頭說「可以」，才能配送到各分店、端到顧客的餐桌上，此一過程尚無法以科技取而代之。

就像一位父親和孩子們的互動，早上我們彼此道聲早安，之後出門各自生活；晚上回到家，父親聽著、看著孩子們述說一整天過得如何，經過一日日的觀察，而後才讓準備好的孩子離開家的羽翼。

古法手工製作酸菜

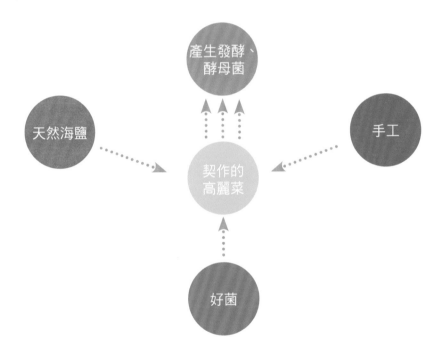

產生發酵、酵母菌

天然海鹽

手工

契作的高麗菜

好菌

時間淬煉的美味鍋底公式

　　我們的酸菜白肉鍋湯底其獨特美味，靠得是新鮮食材與時間淬鍊而成，沒有湯粉，純粹以豬大骨、蟹身、鮮蚵、豬血等天然食材做湯底，經過 1 個半小時細火慢燉的熬製過程，引出大骨甜味與海鮮鮮味後，再加入以高麗菜發酵成酸菜後產生的酸菜原汁，與高湯做一個酸度調和，將湯底的獨特性提升到一個能在齒頰與喉頭間感受到甘甜的漂亮平衡點。

　　高麗菜發酵熟成產生的絕妙甘味原汁，加上熟練的選材過程，形成完全無法以人工、科學的方式去模仿出來的獨一無二味道。這也是為什麼常來店裡用餐的顧客會覺得每次酸菜吃起來的酸度都不一樣，因為高麗菜會隨著濕度、溫度與時間等環境變化，自然發酵成不同的酸度，我們不會刻意去控制酸菜的酸度。所以於桌邊服務時會建議顧客，如果覺得不夠酸可再加酸菜進到湯鍋增加酸度，如果覺得太酸則適度加入高湯調和，每個人都可以創作出自己所愛的酸菜白肉鍋。

　　無法被模仿的湯頭風味，意味著我們於湯頭層次的展現下足了功夫，其中的「豬血」，它是源自東北過年殺豬菜的傳統下酒料。薩滿祭祀

中的供品「白肉血腸」，以豬血灌腸，白肉切片，加清水燉熟，呈現
原汁原味，是廣為流行的滿族風味名吃，故我們刻意保留這一老味道
作為鍋底的要素之一。投入海鮮則是屬於革新的部分，以往東北菜系
的酸菜白肉鍋並沒有用海味做提鮮的動作，所以在品嘗湯頭時，你會
嘗到肉味、酸感，但對於味蕾上的挑動緩慢，甚至可能不會留下深刻
印象，但加入海味後，除了起提鮮之效外，它對於回甘的速度與湯頭
的豐富度有很大的加分作用。

　　此外，湯底的平衡點與獨特性不單是表現在上桌的一剎那，它能隨
著我們嚴選後的食材品項，每桌客人下料熬煮、分享的過程，轉化成
屬於你們這家人或這群朋友間獨有的、融合的味道，就像是每個人吃
火鍋都有自己獨門的醬料配方是一樣的道理。

高麗菜發酵熟成產生的絕妙甘味酸菜原汁，
加上熟練的選材過程，
形成完全無法以人工、
科學方式去模仿出來的獨一無二味道，
這也是東北之家所自豪的。

老饕吃法

來店吃酸菜白肉鍋可依個人喜好搭配五大醬料：醬油、芝麻醬、豆腐乳、韭花醬與主廚特調，另有蒜泥、蔥花、蝦油、白醋、白糖等佐料；坊間常見的酸菜白肉沾醬吃法是豆腐乳加韭花醬，但在這裡我們更推薦：

1大匙主廚特調醬＋1大匙醬油＋1小匙蒜泥＋1小匙韭花醬

餐桌上的
在地職人手藝

火鍋店真如大眾所認知是技術門檻低的餐飲業嗎？餐飲業有句俗諺：「自己敢吃，才敢賣給別人。」實際上，這句話只對了一半。每一樣於餐廳現場被端上桌的食材背後，都少不了親訪產地、參與研發、了解製程等環節。我們不僅與契作的高麗菜農溝通善待土地的栽種方式、尋找打造綠色畜牧的專業豬肉農、和豆沙鍋餅師傅推翻過十數次配方，還有點播率極高的肉丸子，製作的老闆他偌大的廚房就只做這個產品。

火鍋店食材可概分成四大類：一是現流類、二是海鮮類、三是肉品、四是丸餃類。從事火鍋業多年來的觀察，如果要在同一戰區與同業做出區隔，受到消費者青睞，就必須在丸餃類、甜點或是其他獨家品項中拿出決勝籌碼。

　　所謂的現流類，指的是青菜、蛤蠣、牡蠣等，保質期短，屬於需要每天叫貨流通的食材，「蔬菜新鮮與否」是火鍋店裡消費者最容易一目瞭然的項目，所以這部分的重點在於收貨時的驗收與後續保存管理。肉品類方面除了豬肉以外，基本上海鮮與牛羊雞等肉品，受限於本地產量有限，同業間能採購到的管道有限，貨源主要來自國內幾大進口商，餐飲業者能拿到的貨其實都差不多。

　　那麼重頭戲來了，最初曾提過我們的品牌定位是走養生健康路線，雖然做的是吃到飽，但蛋糕甜點、冰淇淋和可樂等會影響湯頭餘韻的品項一概捨棄，所以丸餃類與獨家菜色就成了是否能讓顧客回頭率增高的關鍵之一。

火鍋四大類食材

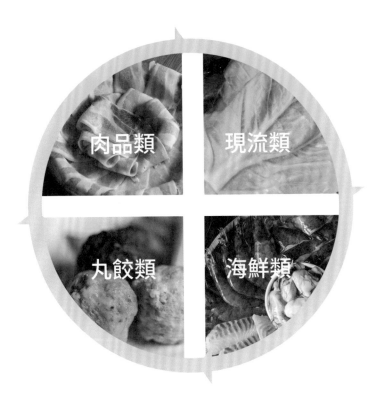

綠色畜牧：脆口帶皮豬五花

　　愛吃酸菜白肉鍋的朋友，一定都曉得肉品本身油脂分布多寡是影響享用鍋物的關鍵，油花過厚的豬五花一下鍋，涮沒幾片，湯底就容易跟著濁了；但油花少的豬五花，吃起來易柴，不過癮。餐廳現場的肉品方面，工作人員不做預切，因為容易軟掉失去擺盤美感，所以內場肉站人員都是收到顧客點單後才開始切肉，每片肉片的厚度要求一致，必須要讓顧客是很好入口與好咀嚼，過厚像是吃烤肉，過薄吃起來會失去口感，所以每個站過肉站區的夥伴都具備不可小看的切肉與擺盤功力，能練就10秒切出一盤的速度，依據不同的肉品做出不同的擺盤。這些猶如外行看熱鬧、內行看門道的訣竅，都是我歷來於餐飲業打滾的實作心得。

　　初期為了找到與湯底相匹配的帶皮豬五花肉，煞費苦心。剛開始的肉品來源，採購自一家位於中和的豬肉販賣商，說起這家老闆也是很有意思。肉品生意是他們祖傳三代的事業，販售的肉品相對於其他肉販是較優質的，而其豬肉只來自彰化養豬農所飼養，每日屠宰後急速冷凍送上北部。為了搶到新鮮、等級較好的肉品，我每天早上6點就到中和報到，跟和我一樣的餐飲人在現場挑肉、搶肉。後來，這一代

接手的年輕老闆看我每天親自買肉載肉，覺得很感動，都會特別幫忙留下最好的肉，我也在那段日子裡學到不少選肉的技巧。只是，如果我的企圖心是開 1、2 家分店就滿足了，這樣每天身體力行，吃苦當吃補的去搶肉、載肉，倒還過得去。但團隊發展的腳步不僅於此，餐廳供應的「帶皮豬五花」能堪稱絕妙滋味之一，便是我們對選品能力敢於自豪之處。

大家或多或少都吃過東坡肉吧？有一回，到某上海餐館吃飯，東坡肉是該餐廳必點招牌，一上桌、一入口，那恰到好處的油脂著實令人驚艷，腦中立即浮現的想法是「我一定要會一會賣出這塊肉的人」，後來循線找到現在供應豬五花肉的肉品職人。實際走一趟產地，發現他們的肉品之所以能如此漂亮、如此規格化，背後有著科技化管理作為強大支撐，並與南投、彰化、雲林和嘉義的專業畜牧場合作。

其實對於肉品的採購，自己經過三階段的經驗積累過程；早期加盟他牌小火鍋時，對肉品的認識不深、選擇不多。長久切肉的經驗，久了就會知道那個肉切出去，一定會被客人打槍。一塊 10 公分厚的腹脅，中間的油花就佔了 5 公分，下鍋沒多久，你馬上會覺得整個火鍋吃起來浮油很重，根本連我自己都不吃，怎麼會給客人吃，但國內的肉品很多都是這個樣子。

從警政署退下後，我曾有一段時間服務於水產養殖產業，因而有機會到各國考察，以當時的經驗來看，韓國比目魚的養殖系統改善是值

我們嚴選的豬肉其好吃的關鍵在於，肉質嫩彈之外，油花分布均勻，擁有好比鮪魚油花最漂亮的鮪魚肚，貼近我們對口感與油花質感的訴求。

得借鏡的例子。韓國緯度高、溫度低的緣故，比目魚在當地水域長得很好，但過去養殖的比目魚個頭都較小，幾位漁民組成類似合作社的組織，透過集體養殖與販售的協作，在養殖技術上不斷研發與改良，讓比目魚的肉質更多也更鮮美，促進其技術轉型已經發展到第 6 代，改良後的養殖技術確實是讓比目魚肉達到生魚片等級，表現出入口即化的肉質。

反觀，國內養豬產業現狀，30 年前最高曾有 9 萬多戶養豬場，可謂是養豬大國。但近 20 年來養豬戶銳減，豬隻數更從 1 千多萬頭減產至 500 多萬頭，起因於環保與疾病防治問題造成養豬成本太高，反映到消費面便是市場供需趨緊、豬價逐步攀升。事實上，國內養豬戶幾乎都是中小型的養豬戶，較少有如韓國比目魚漁民集體性協作養殖的案例，這是比較可惜的部分。其次，國內豬隻品種與飼養方式的緣故，往往養成的豬肉油花過厚，涮燙後的口感自然沒有那麼好。有些養豬戶為了讓油花減量，並非著手從改良飼養方式去改善，卻是長期在飼料中加入瘦肉精，增加豬隻的瘦肉量、少長脂肪，使肉品提早上市、降低成本，相對利潤較高。

話說回頭，我們所嚴選的豬肉其好吃的關鍵在於，限經養育 1 年內、重量 100 公斤以下的成豬。這類年齡與體型的豬隻油花分布均勻，而豬五花則來自其胸腹肉的部分，本身肉質嫩彈之外，擁有好比鮪魚油花最漂亮的鮪魚肚，在優質的飼養方式下使胸腹部位的肉不至產生過多的脂肪。對一個做吃的人來說，它不單單是一塊可以安心入口的肉，

更貼近了我們對口感與油花質感的訴求。

經營心法

東北人做醃白菜只取中間的葉莖，東北、韓國栽種的大白菜皆是莖大葉小，但就生長環境而言，與台灣有相當差異性，此為國內酸菜白肉鍋業者多從高緯度國家進口大白菜的原因。我們選用高麗菜製作酸菜，同樣需要扎實品種才能產出清脆口感的酸菜，故對品種選擇極為講究。

老饕吃法

帶皮豬五花包裹汆燙後的酸菜、蔥花與韭花醬,再淋上些許主廚特調醬,肉的Q彈加上酸菜的脆感,再拉進韭花與特調的醬香,是值得細細玩味的吃法。

丸餃名譽決勝之戰

　　在談我們所嚴選的丸餃火鍋料如何之前，先聊聊一位在新北市經營吃到飽火鍋店的同業策略。這位大哥經營的火鍋店以供應 200 種以上的食材排場聞名，對消費者來說是個十足具吸引力的噱頭，某種程度來說，顧客光用看的，在心裡便容易產生滿足、吃飽的感覺。

　　我在準備開吃到飽酸菜白肉鍋店之前，也曾向這位大哥請教過：「你店裡上百種火鍋料，真的都銷得動嗎？」大哥不假思索的回答我：「哪有可能，客人怎麼吃還不就那幾種，超過 1/3 的火鍋料一個禮拜都沒有人動。」事實的真相是，有些火鍋料你夾過一次就不會再想拿第二次了；而這些不受青睞的火鍋料下場，最後都到廚餘桶的肚子裡了。看到這裡，你可能會疑惑：「這樣浪費食材，不等於也是成本的耗損嗎？」接下來，我要說的便是火鍋業不明說，但其實人人皆知的事。

　　丸餃料可分為 A、B、C 三種等級，而一個等級裡還可以依據魚漿比例再往下分出 2 到 3 級。概略來說，丸餃的好壞來自於它本身材料用得夠不夠扎實，而我對於這類食材的挑選特別重視口感、成分與製作者的用心，非 A 級品不用。目前餐廳裡所供應的丸餃類品項來自一家

上櫃的食品公司，這是經過無數次試吃淘汰後的選擇，也是從在做小火鍋時期就與該公司配合到現在。

如果你是個愛吃丸餃類火鍋料的人，我強烈推薦來到店裡不能錯過的是三色丸──芋餃鮮肉丸、泡菜鮮肉丸、竹炭鮮肉丸。雖然吃一顆就相當飽口，還是會讓人忍不住一顆接一顆放入口中，享受鮮肉丸的嚼勁與肉汁香，不同口味的鮮肉丸各有其迷人之處。而製作出這等特色鮮肉丸的職人，亦是我相當敬服的一位老師傅。猶記得我第一次親自造訪時曾問：「老闆，你這麼大的廠房只做這個丸子？」老師傅回答我：「一樣東西如果你把它做好，就夠了。」這家鮮肉丸廠用的肉品與製程方面都非常優質、安全，以半手工的方式很專一、專心且專業的做鮮肉丸，老闆每每送貨來時，總是比我們更在意從冷凍貨櫃到央廚間相對溫度的探測流程，強調的就是無縫銜接不讓室溫有孳生細菌、影響品質的機會。

所以，即便你沒有現場看過他們的製作過程，在品嘗時也感受的到「製作者的那份用心」。事實上，他們的好的確也受到高級百貨超市的青睞。剛開始的拜訪或許只是為了產品特色的策略為出發點，採購成本高了些，但實際接觸後，你真的會想把這樣的好食材透過我們的餐桌與大家分享。

很多人或許都有這樣的經驗，每每來到吃到飽的火鍋店，這之中一定有人特別愛吃丸餃類，卻容易被朋友們笑說吃火鍋料佔肚子空間，

是賠錢貨來著。但來到東北之家不好好品嘗一下我們的丸餃類，那可就太可惜了！開業 6 年下來，透過 POS 整合數據顯示，消費者在丸餃類的點用盤數是表現不錯，也顧客直接與現場人員分享「在其他地方很少吃到這麼真材實料的丸餃」。

所以說，如果現在的東北之家是成功的，那是因為我們在每一個小細節裡去堅持下來，而不是靠單一性產品取勝。這也是為什麼每家火鍋店都有的丸餃料，看似平凡無奇，我卻特地在書中闢出一角想好好的介紹它。

我對於丸餃類食材的挑選特別重視口感、成分與製作者的用心，非 A 級品不用；目前所供應的丸餃類品項來自一家上櫃的食品公司，是 20 年來經過無數次試吃淘汰後的選擇！

麵點師傅手工菜

　　東北之家的四大絕妙滋味其一是「涼拌冬粉絲」，在享用酸菜白肉鍋的味覺體驗過程中，具有開脾、化龍點睛的作用。看似是一道簡單的小菜，但料理工法實則繁瑣，冬粉、青木瓜絲和火腿絲的食材處理與調味，都必須拿捏的恰到好處，其中選用的冬粉更是關鍵。

　　市售冬粉和丸餃類一樣，根據所含的綠豆成分比例也有等級之分，不好的冬粉雖然汆燙快速節省時間，但吃起來缺乏 Q 度，就如魚漿與丸餃的關係一樣，綠豆價格亦會影響到製作冬粉的成本。你可能會想就算等級不同，價格方面應該不至於差到哪去，或許就真的只省下哪幾塊錢，但對做生意的人來說，長久累積下來可能還是差很多。而我們所選用的是在台灣有 70 年品牌口碑的老字號粉絲，用其最好的冬粉，因為冬粉 Q 彈度的好壞，決定這道手工菜的味道與口感表現。

　　四大絕妙滋味其二是「蔥油餅」，每張蔥油餅都是客人點餐後才下鍋，由於是手工製作，所以上桌的每張蔥油餅於形狀、厚度都有些微差異。最初在蔥油餅的研發與口味定調，除了找料理書、了解食材原理，也花了很多時間去試驗製作餅皮的各種麵粉、鹽、胡椒粉的調味、

厚薄比例與自製豬油。所思考的不單單是蔥油餅咬下的第一口的口感與味道對不對，延伸顧及到的是：蔥油餅與酸菜白肉鍋的湯汁搭配的融合度如何、顧客吃了 1 個多小時下來還想吃嗎、會不會吃幾口就覺得膩，連一張也吃不完。

我們於蔥的處理法上與三星蔥餡餅講求新鮮現切現包的作法不同，蔥油餅拌入的是「乾蔥」。早期製作蔥油餅的師傅是將蔥放在電風扇面前吹，加上人工不斷翻攪，但以學理的角度來看這樣的料理過程，無法將蔥的香氣做出最好的表現。蔥是「怕動不怕凍」的農產品，其細胞壁是脆弱的，如果為了風乾而去翻動、吹風，細胞壁一旦破損，連帶的香氣便會散掉，所以適當的作法是靜置在恆溫室裡面讓三星蔥的水分慢慢地被抽乾，光是此靜置過程就需要 7 個工作天。

靜置之後的乾蔥，水分少了，香氣就凸顯了，猶如乾香菇比生香菇香，燉雞的時候一定用乾香菇是一樣的原理。費時一周以上製作的蔥油餅，有別用大鍋去油炸的烹飪方式，我們敢於堅持現點現做，多虧引進的數位化炸鍋可控制整個烹飪過程，讓每張蔥油餅的良窳得到完整且穩定的控制，在 220°C 以上的高溫油煎 25 秒，在標準數值下使麵皮熟化又不致把油吃進去。即便讓新手夥伴操作也能輕鬆上手，端出一張煎得恰到好處的蔥油餅，完全不受緊張或溫度過高等人員因素，而導致失敗率增加。

最後，必嘗的手工菜是「豆沙鍋餅」。常來東北之家吃飯的朋友可

能會發現我們的菜單常常更換上新的食材或菜色，一來是因應季節狀況推薦吃當季，二來是因為我們又發掘到很想推薦給大家的在地職人手藝菜，豆沙鍋餅就是這樣誕生的。

　　一般東北菜館子製作的豆沙鍋餅偏甜易膩，所以我們在研發豆沙鍋餅的過程，與麵點師傅的溝通來來回回數次，特別強調內餡必須甜度適中之餘，還得保有些許顆粒的口感，做出餡與餅皮的比例幾乎是呈現1：1的厚度，不像有的作法是啃了一大塊餅皮才吃到一點點內餡。

　　其次，和蔥油餅的烹飪原則一樣，必須在現點現做的前提下快速上桌，故對於形狀與厚薄度也經過多次的試驗調整，而非是預先炸好一批等客人點單後再回鍋加熱，那美味程度必定是扣分。這般下功夫製作出的豆沙鍋餅，果然很受青睞，許多來吃過的顧客們紛紛在網路上留下好評，說著下回為了這豆沙鍋餅還要再訪呢！

　　無論是一盤開胃的涼拌冬粉絲、一張蔥油餅或是一份豆沙鍋餅，它們或許只是餐桌上的小配角，但從餐點開發的初衷、耗時耗工的選材製作、到位的烹調要求，以及現點現做的服務速度，整個流程都蘊含了很多的經營服務面的巧思，也因為有這些手工菜的幫襯，這頓飯吃下來才完滿、道地。不時在食材上推陳出新，只要有好食材，我們就在探尋的路上。這條究極之路，對團隊而言是沒有終點的。

我們無論是推出了任何的新食材或菜色，都不能偏離酸菜白肉鍋的本味，因此什麼樣的甜點貼近酸菜白肉鍋風味，又不致搶走湯頭留在口中的餘韻，成為製作甜點的主軸。

老饕吃法

蔥油餅包上涼拌冬粉絲，是一種互補的味道，可去油解膩，也淡化了涼拌冬粉絲的酸度，宛如讓顧客自己動手做出一個獨特的薄皮餡餅，冬粉絲要多要少，都可隨個人喜好調整，這是我們相當推薦的吃法喔！

契作自己的高麗菜農場

中國人講「德要配位」，當你具備一定實力，機會來的時候便抓得住。就像錢掉下來，雙手不伸出去或是伸出去時沒有很專心的去捧這個錢，你還是賺不到錢。開展契作的契機，在 2017 年下半年來了！來店裡吃飯的警界前輩聽聞我有高麗菜契作的規畫，便引薦在彰化擁有田地也有種植高麗菜經驗的親友，我們便開始試著來做這件事。此契作農場在彰化二水，位處八卦山山脈尾端與阿里山山脈源頭的中間，灌溉水來自濁水溪與清水溪匯流至當地知名的蓄水池——八卦池，再由嘉南大圳導水水路至契作農田，如此好山好水可說是該田地先天上的優勢。

一甲地的契作農田分成 4 區輪流種植，年產量約有 50 噸。農地管理方面訴求能奠基於維護土壤、生態系統和人類健康的生產體系，採取依循當地的生態節律和自然循環，不依賴會帶來不利影響的投入物質，故不使用化學合成農藥、化學合成肥料、基因改造生物、動物及植物生長調節劑等非天然物質的農產品，而是使用優質肥料搭配具蟲害防治的天然資材「蘇力菌」，雙管齊下執行栽種。

　　契約耕作，簡稱「契作」，是一種與在地農夫約定品種、產量、耕種方式與契作價格等規範，以保障作物品質的合作，是近年興旺的農業型態。契作精神在於產銷分離的運作，讓農夫能專注種植，並共同承擔農損風險。也就是說，只要依照約定的方式進行栽種，即便受到天災或其他因素影響，而使作物可能長得比較醜或是大小不一，仍以約定價收購。以往，高麗菜田邊採收年平均價格是 5、6 元，但我們是用約定一倍的價格來收購。像 2018 年初陸續發生高麗菜農被菜商毀約，或是高麗菜產量過盛導致跌價等，對於契作農戶而言，完全不會有這類問題發生。

　　目前我們合作的契作農場運作相當穩定，當天採收的高麗菜裝上貨車後，從彰化直奔北部的中央廚房，部分送去做酸菜、部分送到各店當火鍋蔬菜，真正落實產地到餐桌的理念，所以消費者很有機會吃到幾乎是幾個小時前現採下來的高麗菜。

　　今日對農產品的進展與堅持，那是國中時帶著一群歐巴桑到甘蔗田的我，怎麼也不會想到 50 多歲的現在，會再度有親近土地的機會。或許，連我已過世的父親也沒有料想到自己的兒子，未來有一天會從餐桌溯源至田地，不僅照顧農戶也著墨優質栽種技術。這對我們家來說，也算是另類的從哪裡跌到就從哪裡站起來吧！

我們選用高麗菜製作酸菜，同樣需要扎實品種才能產出清脆口感的酸菜，故對品種選擇極為講究。

經營心法

「蓄勢待發，等待時機」也是經營者必備的自我心態管理技能，在開設酸菜白肉鍋餐廳後，我們如履薄冰，持續積累能力，而貴人就在你需要的時候出現。機會的發酵與取得，猶如一個等公車的過程，你要拿到這個機會必須先等在公車站，而不是公車來了之後才在後面追，那樣通常是坐不上那部車子的。

吃飽吃巧的
五星服務

如果沒有後勤團隊與現場工作人員同體一心的協作，難有今日展現在消費者面前的酸菜白肉鍋。今日的每個成就達成，得靠每位夥伴對企業核心價值的真切理解，才能進一步反饋於日常工作。他們一路從做中學去體悟食材的珍貴，進而讓自己成為一名比婆婆媽媽更厲害的食材管理員；從制式的 SOP 流程學習到能將心比心為來客提供服務，有朝一日更能以身為這個團隊的一員、以身為餐飲人自豪。

早期經營小火鍋店，有一段無法親自管理的時期，當時不管白天多忙多累，每天晚上我還是會到店裡走走看看，與店經理了解當日營業是否有什麼狀況，然後去「撈餿水桶」。

　　有一回在旁邊洗碗的員工，看到我撈出搜水桶裡的一個玉米，還是被客人啃過一角的玉米，把它洗乾淨、吃了一口，他擔心地問：「大哥你是不是肚子餓了，我煮麵給你吃。」其實我是在試那個玉米又或者是丸子，為什麼客人會咬一口就不吃了？是吃不下，還是東西出了狀況？如果是東西本身的問題，是我們保存不當而產生，還是供應商製作過程出了問題？

　　當營業時間你無法親自坐鎮店裡看顧時，只能透過這種方式來了解餐廳的食材是不是出了什麼問題；要知道中午的營業額狀況，手伸進去餿水桶，看哪一段是溫的，有多深，大概就能猜到中午的營業額。

聰明採購克服剩食

　　雖然當時請了店經理全權管理，但我不會只用「問的」去了解營業狀況。一家餐廳的營運有很多面向要注意，正所謂「將士在外，君命有所不受」，店經理的決定可能有些是迫於當下狀況不得已的決策，身為老闆的你看到時往往已經來不及，得從後面去追。通常餐飲業的供應商會找 2 至 3 家配合，每家可能供應的蔬菜會有幾種不一樣，遇到品項出問題除了向菜商反應，也可能會暫停叫貨一段時間以其他菜商代替，預留方案。

　　現在經營酸菜白肉鍋走吃到飽的消費模式，我們得更在乎食材是否有浪費的問題。2018 年一場以「搶救剩食」為主題的論壇中談到一個現況，「根據統計研究，臺灣的生產者自生產階段就有很多浪費，因為農作物不美觀就不收成，到了盤商也因為不好包裝而丟棄太大或太小的作物，然後在物流過程中又會因為碰撞而浪費，所以最後進入餐廳時，已經損失 54%。」該場論壇的與會者美國 LeanPath 剩食處理公司副總裁 Steven Finn 提出，要解決剩食問題，首要任務還是得從廚房下手，改變浪費行為，他將關注分成生廚餘與熟廚餘兩個面向。

此一觀點與我們積極落實內外場流程優化不謀而合，要避免剩食的產生，必須透徹了解食物的特質與其被浪費的成因並從中改善。因此，在驗收貨與食材流動程序上建立起兩個層級的嚴謹管理機制。每一樣食材本身有其不一樣的特質，尤其是像青菜、牡蠣這類現流類食材，保存期限、保鮮方式與進貨數量都有其特殊性，在進貨時由店長負責進行驗貨，在這個階段預判這批食材的新鮮程度，以及「先進先出」的供應原則，防止食材在冰箱中被遺忘。

既然要做吃到飽餐廳，身為經營者，只怕客人不來，不怕客人來吃。我常教育店長們，如果今天菜單上有「缺品」，一項食材沒辦法供應，那便是身為店長的恥辱，在食材的掌控上，「多」不是一件好事，「少」更是很糟糕的事情。

全台做吃到飽的餐廳很多，上至飯店餐廳的自助餐，下至燒烤、鍋物、甜點店等等，都存在吃到飽的消費模式，只是市場風向永遠關注在哪家 CP 值高、哪家餐廳又推出什麼進口高檔食材，鮮少有人探討吃到飽餐廳每日所產生的廚餘量。事實上，臺灣一年產生的廚餘量逐年攀升，根據最新調查數據顯示年廚餘量已經來到 220 萬公噸，這個數量可被轉換包成 40 億個便當，幫助 20 萬個家庭一年所需。

實際經營餐廳，就會發現很多看不到的經營支出其實是滿可怕的。餐廳廚餘的處理是由專門業者來收餿水桶，而處理費用根據當地縣市政府的政策不同，每月固定收取的費用從 2 千到 8 千的都有。儘管這

我們要求每位負責內場的夥伴都要具備
宛如中醫師看診般的能力，
對每一位顧客「望、聞、問、切」的去觀察他們的需求。

經營心法

望：是以眼睛專注而細微的觀察顧客需求。

聞：用耳朵注意聽聞營運過程中顧客即時性的需求。

問：以前兩項觀察與聽聞所得的訊息，用口頭詢問確認顧客的需求。

切：以積極實際的行動來完成顧客的要求。

是一個固定的處理費用，我們仍講求每日食材進出上得宜的安排以將
耗損降到最低；其次，採取「點餐吃到飽」取代開放式自助冰櫃的用
餐方式，也是為了避免食材保鮮不足，產生耗損，以及消費者自取過
量卻吃不完的狀況。

　　像是在吃到飽餐廳最常發生的狀況，同桌的 A 拿了一堆食材想說大
家可以一起吃，但 B 可能也拿了一樣的食材，最後的結果就是吃不完
造成浪費，既使沒下鍋也不可能再放回取菜區。因此「點餐吃到飽」
的用餐方式，可有效避免這類窘境發生，一盤肉片量、一盤丸餃數都
幫顧客拿捏恰當，例如丸餃類一盤的單點數量是以「3 個」為單位，
二個人同桌喜歡的再多吃一個，三個人吃剛剛好，四個人吃或許再多
點一盤也不至於過量。這就是從人性為出發點的餐飲規畫眉角，大幅
降低浪費的程度，也讓餐廳的優良食材得到妥善的保鮮維護。

　　小時候常被父母叮嚀不可以養成「浪費食物」的壞習慣，但或許是
現在物資真的太豐富了，10 幾年的餐飲從業經驗，從個人小火鍋到吃
到飽大火鍋，會發現逐年食材浪費的數量相當驚人。我們是講求團圓
聚餐定位的餐飲品牌，也希望大家能一起保有珍惜食物的心，形成良
善的循環，多一個人在乎就多一位能影響同桌吃飯的朋友、家人，甚
至我們的下一代。

不收服務費的五星服務

有一次到龍山寺，寺方的公廁位在地下室，當時在男廁看到一位年齡約莫 70 歲的歐吉桑，可能是這裡的工作人員，幾乎是以趴在地上的姿勢擦拭地板，整個開放空間散發著淡淡的明星花露水味道。這位歐吉桑的做事態度讓我覺得很感動，這是一處傳統廟宇，不是五星級飯店也不是米其林餐廳，卻能因為你的用心，讓來訪者有五星級的感受。

這也讓我回想起自己在汐止所開的第一家自創品牌小火鍋店，那時是眾多小火鍋品牌崛起的時期，我在當時對夥伴進行教育訓練便提到一個概念：「誰說吃小火鍋不能給五星級的服務。」那時我們是蹲在顧客的身旁點餐，不是讓客人得抬頭看著你，而是雙方以平行的視角來互動點餐，這是對消費者一個很棒的尊重。

初期訓練店長的過程，曾經有一天早上把他拉到店外，而我站在店內透過大門或落地窗對他說：「店長就像一位導演，現在看到的有內部顧客跟外部顧客，內部顧客指的是員工，外部顧客指的是客人，客人就是這部戲的觀眾，你正在執導一部叫作『吃飯』的大戲，這場戲要能夠叫好叫座，內部顧客（也就是員工）要能夠敬業，你的客人他

應該是很專心的吃飯。你看著全場的每一個細節正在進行著,但絕不會看到客人舉頭東張西望,找不到你的服務人員,客人的目光如果不是落在食材上,就應該是關注於跟他一起來吃飯的家人身上,這才是對的!」

　　所以說,餐廳經營猶如一個導演過程,每位員工要訓練到他能夠在這過程裡就像走星光大道一樣,他端著盤子穿梭於桌與桌之間,展現出來的魅力應該是很有自信的。我們的餐飲服務策略相當注重「桌邊服務」,不走鞠躬哈腰的作法,也沒有花俏的表演,我們想營造出的是一個像回家吃飯的舒適氛圍。顧客坐妥後,便為其介紹食材、醬料使用與用餐環境,看過菜單後,在自己的位子上向工作人員舉個手示意,就會有人到桌邊協助點餐。第一輪菜色上桌,我們會幫忙涮肉、示範如何以五花肉包酸菜等等的幾個老饕吃法,透過這樣的桌邊服務互動過程,體現此一連鎖品牌的價值與特殊性。

　　我常常提醒夥伴們,一個新的流行產物進來,不要只看它利用行銷手法與新鮮感帶動一時的排隊風潮,一間能夠天天有顧客願意排隊的店,絕對是花了相當的苦功夫而來的,而今日我們所強調的桌邊服務,便是為品牌服務作打底的扎實功夫,讓更多人在這一頓用餐的過程不單是體會到道地好吃的食材,還有賓至如歸的服務。

　　其次,餐廳環境內的「五覺」舒適度,也是必須重視的一環。我們要求每位員工都能夠很直覺式的從味覺、視覺、聽覺、嗅覺和觸覺等,

我們的酸菜白肉鍋餐廳開放式廚房的
實質意義在於管理。
透過開放式的檯面
以減少人力運作溝通上的不確定性，
內外場人員都可以輕易洞悉店內各區狀況。

去感受客人的感受，不是間接式或啟發式的，而是直覺的去感受——你不喜歡，客人也不會喜歡，人的好惡感受不會有太大的落差。最具體的狀況是，我們會特別訓練員工去覺察「筷子掉落」的聲音，要求在 30 秒內送上乾淨的筷子給客人，在偌大的空間裡、人聲鼎沸的環境中，要立馬找出是哪一桌哪位客人掉筷了，這對新進員工來說並不是一件容易的事。

但這樣的用心，曾被某位顧客特別在網路食記上提出來感謝，其中一段內容大概是這麼說：「如果店員在唱歌，那就是一個和諧的聲音頻率，當某些聲音過大或突然出現不正常的聲音，原本環境中穩定的音頻被打破，環境中的人是會察覺到的，而一個沒有收服務費的餐廳，可以做到 30 秒內送上筷子替換，有小籠包名店的水準。」這就是我們所期許的，並不會因為是吃到飽餐廳就給人感覺服務比較少、比較忙亂的感受。6 年多下來，我們兢兢業業，如履薄冰，也的確在服務品質上獲得很多顧客回饋。在這個世代的客戶服務和品牌行銷已經擴展到社群媒體層面，「門市是經營事業的根本」這裡所指的不單是實體店鋪，延伸性的虛擬店鋪、網路社群都屬於「門市」的一環。

進一步來說，一個門市沒有行銷、沒有與消費者產生互動，其實是走不遠、走不久的，在門市會遇到很多的困難，有些事情可能是你沒辦法預料到的，即便你以為自己做好了萬全準備，這時候唯有面對困難，你才有辦法為這個事業決定下一步的決策，符合每一個世代顧客真正的需求。人們都說做吃的很辛苦，但有些甘美的難能可貴，只有

真正經營過餐廳的人曉得。

　　從經營小火鍋店到現在的酸菜白肉鍋，偶爾我會把自己從現場環境中抽離，看著這齣正在上演的吃飯大戲，你開始會發現有些熟悉的面孔出現，幾天前或上個月也來過，他們可能是一群固定在這聚餐的退休人士，也可能是在這邊談戀愛後結婚生又帶孩子來吃飯的一家人，又或者是每到發薪日想犒賞一下自己的公司同事……；這些從陌生轉為熟悉的面孔，甚至後來會打招呼寒暄幾句，日積月累的佔了你生命歷程裡好一大段路。

　　尤其現在外食人口這麼多，什麼時候能夠坐下來一起吃飯？什麼人會一起坐下來相約吃飯？絕不會是路上拉一個人不相干的人。當你用心經營，提供給他們一個很好的用餐經驗，反而自己會有很多、很真實的感動。一間好餐廳能夠經營 10 年以上，也是在與顧客們分享屬於他們自己的生命歷程，所以經營者必須提供一個很好的用餐經驗。

東北之家酸菜白肉鍋店，
以每人消費460元吃到飽的消費定位，
提供一個環境讓家人、親友可以無負擔的聚餐，
還能吃到優質的產品。

革命性火鍋

加盟經營學

品牌有品牌的推導力量，品牌也有創建與維護過程要付出的成本，要衝出一個堅不可摧的品牌，就像馬雲說的：「今天很殘酷，明天更殘酷，後天很美好，但絕大部分人死在明天晚上。」這句話完全體現出要獲得成功是多麼辛苦的一件事，後天的美好還沒到來，許多人卻已經撐不到那時候。東北之家能不能成功，不敢講，但我們會盡力推動自己的能量，對於能到達什麼樣的位置不事先設限。

中國人講要歷盡滄桑而知經歷，創業過程真的是血淋淋，你曾賠過錢、被田裡的蟲咬過、生過孩子，才知道那個痛是到什麼地步。這一路走來很多歷程與探究，也順應潮流持續整合資源在創建酸菜白肉鍋品牌。我很慶幸能夠和這群夥伴一起共事，他們真的都很棒，我們沒有很顯赫的家世背景，而是一群很願意踏實做事的人。

當初在加盟了幾個火鍋店品牌後，對加盟架構與運作有些微了解，便也想跟別人一樣創立自己的小火鍋品牌、開放加盟，自己開關了幾間店後，才認知到那時的獲利模式尚未到位，還沒強大到能成為持續經營 10 年、20 年的餐飲品牌，最關鍵的因素在於沒有築起「防火牆」。所謂的防火牆必須奠基在核心競爭力的強度——它的「Know How」是否足以與同業做出區隔，拉出差異化，有一道任誰也跨不過的門檻。

求生存先掌握消費模式

　　現實的市場狀況是，個人小火鍋店滿街開，甚至幾個連鎖餐飲集團下海跨足這條餐飲路線，但是當你的獲利模式沒有防火牆保護，自然容易被同業模仿，怪不了廣大消費者缺乏忠誠度。

　　那些一年內就自行結業的小火鍋店，如同手搖店品牌都有同質性太高的問題，沒有區隔性，就無法積累出忠誠度。餐飲市場很競爭但也騙不了人，這個味道在你這間店或到他那間店都買得到、喝得到，人們是不會產生有「目的性」的消費行為。試著設身處地思考，不難理解一般消費者的行為模式通常首要取決於「便利性」，習慣在日常生活圈進行消費，這部分佔每日開銷 60% 至 70%；其次才是受特殊性影響，願意拋棄便利性的移動，能觸發人們因「目的」而來的消費佔不到 20%；其他偶發性帶來的消費刺激約有 10% 至 15%，綜合三者組合成 100% 消費行為。

　　所以 100 家新開店在一年後僅餘 30 家店存活，通常是因為同質性過高加上惡性競爭，如果本身堅持不了信念或者一開始就走錯定位的創業者，可能為了競爭而調整售價迎合市場，這也意謂著得從各方面去

降低開銷，連帶使得產品素質勢必跟著低下，從惡性競爭變成一種惡性循環。

以最多人嚮往創業的咖啡店來說，幾年前某連鎖品牌剛問世時，一下子帶動平價外帶咖啡風潮，「咻」的一下開了 100 多間店，卻也快速殞落，後來靠著力求轉型為結合烘焙項目才出現起色。在外帶咖啡店如此飽和的情況下，為什麼今日仍陸續有如以現烘咖啡為定位、打著第三波精品咖啡為訴求的外帶咖啡品牌，能找到崛起的獲利空間崛起？

可想而知，未來的咖啡領域一定還會有新品牌進入，能否存活的二大關鍵是：

一、這個品牌的力道是否足夠強大到讓自己存活下來？

二、這個品牌有沒有能力整合或打敗其他店家？

回過頭來分析火鍋業，也是同樣的道理，一個水池裡能養多少魚，一個社區裡有多少群眾喜歡吃火鍋，其實都是固定的。在商業經營的觀念裡，市場、消費者其實一直都在，只是你端出的內容與方式決定了消費者買單的意願高低。

大眾消費區域行為模式

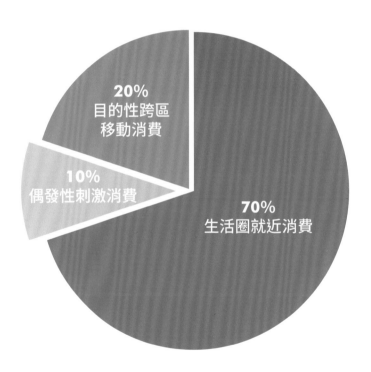

創業思考題

如果準備開一家火鍋店，有A、B社區可選擇且社區住戶人數一樣，你想選在哪個社區立足？

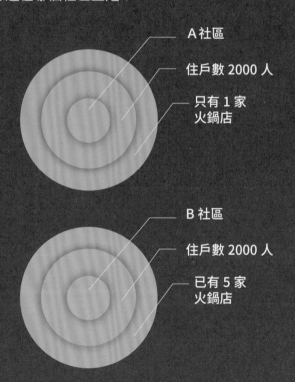

A社區

住戶數 2000 人

只有 1 家
火鍋店

B 社區

住戶數 2000 人

已有 5 家
火鍋店

我的答案是「B社區」。

原因是在社區人數一樣的條件下，B社區既有的5家火鍋店能共存經營，表示歷經時間考驗與商業淘汰過程，這個社區凸顯的消費特質是喜歡吃火鍋的人比A社區來得多，也就是說既有的目標客群就在B社區，新進業者到B社區開店的存活率要容易的多，受惠於「聚市效應」之外，另一決定性考量乃因：要改變一個人的消費習慣很難，但如果你的產品夠好，要取代同業反而是簡單的。

當然對此可能有人持不同看法，認為到A社區開店競爭性小，且可能有尚待開發的未知客群。那麼容我用一個稍微極端的例子來說明，同樣社區人數的甲、乙兩社區，甲社區住戶多是書香門第、乙社區住戶大字不識幾個，要在哪個社區開書店，答案顯而易見，除非你是理想主義者認為可以從教識字逐步影響到整體文化素質。只是創業者必須很實際的打算盤，一旦簽下租約，就是跟時間賽跑，如果不是財力雄厚或有精準的宣傳力道，一開始就選擇到A社區開店相對風險是較高的。

破解加盟品牌衰敗成因

一位自創業以來就認識的朋友，在台北市內江街賣餐飲設備，每當景氣不好，他反而變得特別忙，說是好多人都跑去開火鍋店了。就我自己的經驗談，火鍋店的確是容易入手的餐飲業種，但相對的成功機率卻是極低！無法建置攻不可破的防火牆，或阻絕別人跟進的時間軸沒辦法拉長的話，很快就會被攻陷了。

一家火鍋店能夠成功，過去「地利」因素佔成功機率的 70%，今日小火鍋市場之「地利」因素已大幅攀升決定了 90% 的存活率。只是地點好的店鋪，租金成本也相對驚人，往往壓縮了利潤空間，一旦同業進到地利範圍內，便容易處於遭內外夾擊至動彈不得的窘境。

酸菜白肉鍋品牌創立之初的運作原型，源自某知名藝人經營的高檔涮涮鍋連鎖品牌，我曾在這個體系下進行教育訓練，從洗碗、洗菜、切肉做起，奠定了不錯的管理基礎；當時光是教育訓練費用就得付上近 100 萬，還不包括加盟金和每個月總部收取的權利金，至於為什麼在加盟過其他小火鍋體系後，還會想投入時間與所費不貲的費用在高檔涮涮鍋品牌？

　　在那個年代要開一間賣百元上下的臭臭鍋或小火鍋店很容易，但要跳到賣 200 多元的小火鍋，經營難度足足高了一倍，我便納悶：「為什麼這個品牌有辦法經營出一個人要價 500 多元吃到飽的涮涮鍋？它的質感要呈現到哪種等級才到位，背後的運作能力和供應商條件又需要做到什麼程度？」因而跑去加盟偷師，在教育訓練期間了解到此品牌在包裝面向的努力，以及如何透過 SOP 流程塑造品牌質感。

　　除此之外，我也加盟過其他的餐飲品牌，親眼見證了不少加盟總部的興衰過程，不可諱言，他們存在著兩大共同致命問題：一是與加盟主不公的分潤機制，二是缺乏企業永續的經營理念。10 年前與 10 年後的原物料取得資訊透明度，已不可同日而語，如今要從加盟總部賺到錢其實不容易，沒有 Know How、沒有獨特的獲利模式，很難引起人們想要加盟創業，又或者加盟後對總部的約束視若無睹，最後影響產品品質，導致挫敗品牌形象。

現代化的企業經營是以經營目標、
績效與制度總體利益為優先，
才能創建出共享利益也共同承擔榮辱的團隊精神。

喚醒失去狼性的團隊

我們的第一間酸菜白肉鍋店在科學園區初試啼聲,有很好的回收績效,如同將軍帶兵打仗獲得大勝般,團隊士氣一下子被鼓舞了起來。約莫 3 個月後,第二間店拉長戰線駐紮竹北,卻是挫敗的開始。

我當時的想法是,必須要用最快的速度把經營體系架構上來,快不是因為急功好利,而是商業契機上的考量。100 公里對一個連鎖體系來說不算太遠,200 公里飛到其他國家開分店也不是問題,但這在當時何以是個錯誤的決定,以致即便 6 年後的現在來看仍會覺得:如果有機會重來一次,我絕對不會這麼做。

主要是因為組織內部尚不健全,沒有央廚、沒有物流,這一步一下子跨得太遠;但展店的步伐沒有因此停滯,之所以會在第一年便拓展到第 3 家店,心裡真正的聲音是希望藉由桃園店將竹北店串聯起來。

但桃園店開張之後,才驚覺到團隊還沒有成形,就像划龍舟的過程,如果每個人划的角度不同,這對團隊是阻力,不是助力,那是力道的抵消。如果我們要繼續往前走,必須先停下來,讓彼此擁有共同的經

營理念。商場上唯一不變的就是變。那一年的 6 月，我決定讓所有夥伴回到科學園區店重新進行教育訓練，喚起整個團隊的狼性。品牌的永續性並非靠我一人扛著，也不是只要掛上品牌名稱，生意自然會好，我每天看數字知道不是這麼回事。

做餐飲有時是很現實，有淡旺季之分，有喜新厭舊之別，服務方面一點點的掉以輕心，消費者馬上跟你說掰掰，其中又以人為因素影響最大。這件事的觸發是一直放在心裡提醒自己的苦，是喚醒夥伴們狼性的必要之痛，也讓我學習到面對幹部該嚴的時候要嚴，該講真話的時候要講真話，不能因為疼惜、信任而放縱，最後反而使團隊失去這位夥伴。

如果這裡只是自家小本經營的小火鍋店，或許還可以像一家人般好來好去，誰不想做的活另一個人願意跳出來多擔待些，事情就解決了；但今日我們的目標不只如此，我常提醒夥伴們，成為最初階的幹部——副店長時，學著去揣摩擔當店長的基本要素，當成為店長時，腦中時常要想「如果是老闆會怎麼做」，隨時做好下一階段換位置跟著換腦袋的準備。在發展成連鎖加盟體系時，帶領所有加盟主往前衝時，更是如此。

我們不甘於平淡且共同擁有更遠大的夢想，推動品牌企業化才能讓願景蓄積出能量走得長久，組織進化與向心力的凝聚便是第一步。我一直認為，開一間店做不起來就關了它，做出放棄的決定永遠不是太

難的事,卻是我最不願意做的草率策略。實際上應該做的是深切檢討,帶領團隊跨過這塊挫敗的石頭,因為我們以後還是有可能會遇到同樣的問題,不能被同一塊石頭絆倒第 2 次。

歷經多次營運策略上的改變,針對各店當地消費族群特性做了非常多的行銷實驗與客群分析,對組織發展與團隊實力猶如一道晉級前必破的關卡,練功的過程讓夥伴們認知到品牌還不夠精實壯大,不是掛了這個品牌出去就攻無不克,還是得要一步一腳印地從服務、從品質面好好去著墨。我們敢於不斷轉型是為了更符合時代需求,否則很容易像許多中小企業般遭市場淘汰。

有一份產業報告中指出,國內生產總值(GDP)70%來自餐飲業,再看百貨公司的營收有 60% 至 65% 來自於美食街和主題餐廳,這是一個蠻有意思的現象,也凸顯出餐飲業前景可期。東北之家創立至今邁向第 6 個年頭,依序開設竹北店、桃園店、青島店、林口店等 4 大北部據點,實體店鋪營運穩健、獲利成長,輔以電子商務活動也在打地基中,預估這塊虛擬市場將讓原本看不到的業績不斷地湧入。

在我的餐飲經營學裡,一家店不只是一家店,它是一個企業下的子公司,它也可以成為有機體據點,透過據點的能力創造多元獲利模式的公司。這兩年同時致力於幹部管理人力面的培養,將基層夥伴帶上來,對未來分店布局乃至開放加盟事業,都是基礎建設過程中很重要的環節。

　　而我內心最深切的盼望是，這群自己手把手帶出來的夥伴，有朝一日離開我的羽翼到其他公司求職被問及曾待過哪些公司時，對方一聽到待過我們的酸菜白肉鍋店，能和「管理嚴謹、服務一流、食材有機健康又好吃，擁有良好教育訓練」的公司畫上等號，餐飲面與人員面的好名聲會不逕而走。

　　我在酸菜白肉鍋餐飲事業的投入雖然只有 6 年，但實際上這個團隊的組成是從 10 多年前就打造出來，中間經歷過許多無法預料的事情，能活到現在而且還準備進一步發展，就像一支股票基底打了多年，開始要往上漲了！

我們的酸菜白肉鍋店能做到與

「管理嚴謹、服務一流、食材優質健康又好吃，

擁有良好教育訓練」畫上等號。

建築十年不敗
獲利防火牆

我的腦子一直不斷的在轉動，不只顧著眼前，還要看向未來，得早在別人好幾步之前嗅出市場脈動。

一天的工作從在中央廚房照料酸菜開始，然後開始巡店行程，偶爾中間穿插著各式會議、合作洽談。

回家之前再回到央廚看看「東北之家」的命脈是否還跟早上一樣好好的。有些想法暫放心底等待時機破繭而出，有些計畫則是當下的那一刻馬上開始，所有夥伴跟著緊急動員起來。

俗話說：按照地圖走是找不到新大陸的。如果保守的拾人牙慧，除非運氣特別好，否則賺不了什麼大錢。這些年來，我們不只是在做打地基的工作而已，同時致力建築牢不可破的防火牆，沒有所謂西方管理大師的經營技巧，只有從實務中淬煉出如鑽石般堅不可摧的獲利模式。

20 年前，我拚了命的想多賺一點來翻轉自己的人生；20 年後，我要為了和我一起打拼的夥伴翻轉共同的人生。

不敗創業四大防火牆

第一道防火牆 彈性靈活的經營學

第二道防火牆 優於業界的薪資結構根基

第三道防火牆 住商辦策略擴張版圖

第四道防火牆 為年齡中位數設計產品

第一道防火牆：彈性靈活的經營學

　　工作團隊的核心幹部大部分是從早期自營小火鍋品牌時，跟著我的腳步一路走過來，那時他們都還只是 18、9 歲的大孩子。我們固定每月一次例行會議，開會形式是由每位夥伴輪流找一間火鍋店整隊出發查探敵情，試吃工作結束後，通常我只問夥伴兩個問題：

　　一、對這家店印象最深刻的是什麼？我們曾造訪一家位在台北市的火鍋店，店家供應的菊花茶讓夥伴們一致感到印象深刻，其他所有的食材我們的店都有，唯獨菊花茶有別於一般餐廳供應常見的麥茶，而且店家非常用心的加了乾菊花、枸杞熬煮，真的是養生又好喝，後來我們也把菊花茶放入當時所經營的小火鍋店菜單。

　　二、哪些能借鏡用來改變現有運作流程？這部分的觀察囊括了內外場。有次帶著幾個夥伴開車殺到台中，打算一日來回，就為造訪某個新推出的鍋物品牌，卻看到一個很有趣的現象。當天，我的小火鍋店和這家台中新品牌店的來客數一樣是 40 人，為了這趟教育訓練，店裡僅 4 人留守運轉，但我們造訪的這家新餐廳光是外場員工就配置了 12 名，其中 7 人的工作僅負責拿著文件打勾勾進行類似考核的工作，剩

下的 5 名員工則是逐桌詢問客人要不要加湯，其他什麼也不做。有經驗的管理者他會像玩魔術方塊般，從單一面看到剩下的五個面該如何轉，從員工的一個動作便能發現教育訓練的設計流程出現什麼問題。很顯然的，這樣的人力配置、效率與流程，在我看來是不及格的。

近年開放式廚房的餐廳設計蔚為風潮，一方面讓廚房作業透明化展示於顧客面前，另一用意則是將料理過程當作是一場烹飪秀的展演，但在我們的酸菜白肉鍋餐廳開放式廚房的實質意義在於管理。開餐廳最擔心的是，外場不曉得內場進度、內場不知道外場人流狀況，我們透過開放式的檯面以減少人力運作溝通上的不確定性，內外場人員都可以輕易洞悉店內各區狀況，而店長站在櫃台就能兼顧內外場的運作狀況，一旦內場卡單，隨時可以進場支援。

特別是對於點餐吃到飽的消費方式，內場廚房的切肉站、丸餃站與沖洗站工作人員可以直接感受到外場用餐環境的脈動，還有沒有新的客人進來、需不需再拿一些食材預作解凍等，這對培養他們的觀察力與責任感很有幫助。

分店逐一開設，招募進來的員工越來越多，與團隊的溝通透過固定會議和高機動性的通訊軟體群組，前者是一個月至少進行兩次會議（檢討會議與管理會議），其中的管理會議也會多元利用來進行研發計畫，譬如雖然現在比較沒時間帶著核心幹部去觀摩他牌火鍋，改成買回公司在開會時辦試吃大會，又能兼顧與夥伴同桌聚餐維繫感情。

對於點餐吃到飽的消費方式，內場廚房的切肉站、丸餃站與沖洗站工作人員，可以直接感受到外場用餐環境的脈動。

此外，針對不同時期採取不同管理作法應變；有段時期為了強化幹部面的管理能力，要求 3 位督導每天晚上 10 點後，每半個小時輪流打電話給我，回報他們各自督導店鋪發生的大小事，過程中不論嚴厲、鼓勵都是一種溝通。而之前明明要展店了，我卻放手不管，完全讓他們去操作，過程中就算踢到鐵板也是必要的經歷。這些年來，我刻意栽培 3 位督導歷練公司經營四大面向——物料控管、行銷、行政與人事教育，採取每 3 個月或半年交換職務，在不同營運面向輪流調動，熟悉整體運作之餘，遇到人力不足的非常時期時也能交互協助，這一路走來我也很認真仔細的歸納他們的想法，為交棒做準備。

平常唸歸唸，其實我對這群夥伴非常肯定，新世代的夥伴會的東西比我們那個年代多很多，進步得也比我們快，唯獨缺的是機會與經驗。一直以來在幹部教育訓練上投入不少心思，有過手把手訓練，核心幹部在管理與客服應對方面日趨成熟。

如今每當公司有新的計畫要推動或籌備新據點，他們往往比我還擔心，如果一間店的營運內場配置 2 人、外場配置 2 人，總共 4 人的配置，他們擁有能展現 8 人能量的衝勁。接下來，一個契機，一位新夥伴進來了，這個人在團隊的協助下能夠很快的被帶上來。當然各行各業都會面臨人員流動率的問題，餐飲業更是如此，但願意與我們同行走到下去的人，相信最後都能豐收。

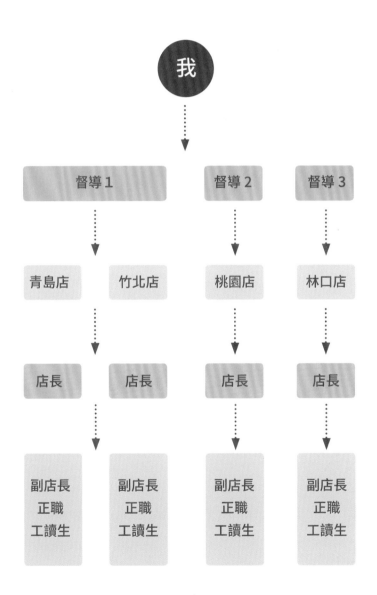

第二道防火牆：薪資結構優於業界

　　當餐廳產生客訴，我們必須回到問題本身，探究是源自制度本身的問題，還是員工個人執行力有問題。從過去的經驗，絕大部分值得深究的客訴，的確都是因為人員的管理不當，導致食材問題、服務不週等的狀況。要開一家店很容易，1個人走得快，2個人會走得豐富，3個人走得遠。猶如蓋建築，一座涼亭只有兩根柱子蓋不起來，至少要三足鼎立，如果有第四根柱子加入，這涼亭就更穩了。但要成為柱子必須挺得住，中心思想要很強烈，歷練要夠，他才知道如何應變突發事件。這些柱子堪用不堪用，怎麼讓自己變得堪用，都是捨得的過程。好比你手長瘡了，得把它鋸斷才有辦法存活下去，此乃必要之痛。企業的成長必須要經歷時間的淬煉，找到理念契合的夥伴。

　　我們單一店點走到今日準備發展加盟體系，管理方針勢必得跟著進步，觀念必須跟著改變，換了位置一定要換腦袋，坐這山要望那山，不斷求新，走在餐飲潮流的浪頭上。但也曾發現當我努力強化、拉升團隊向心力與管理能力時，有些夥伴就是沒辦法跟上，他抱持的心態可能是「這樣就好」、「不應該改變」。當大部分人認同這個方向也已經踏上這條路時，1、2個人內心的不認同、步伐停滯時，就要讓他離開。

　　成吉思汗是中國歷史上唯一橫跨歐亞大陸的君主，當戰線打到歐洲時，他跟主營帳的人說了一段話，大意是：征戰幾十年來，有些人想繼續跟我一起走，很好；想要留在波斯這裡幫我管理這個區域，也很好；想要回家的也都很好，往前走未必是好，但一定可以看到不一樣的風景。

　　傳統企業管理思維中認為，應把夥伴當成家人無私照顧，即便有人犯錯不妨先試著忍讓，只是這於現代化的企業經營是行不通的，相反的，大部分的「自我」、「人性」得被隱藏，以經營目標、績效與制度總體利益為優先，才能創建出共享利益也共同承擔榮辱的團隊精神。有別於一般經營者常囿於人情，而缺乏積極、果斷與公平的處理潛在問題，不僅容易造成同僚間的嫌隙，更可能將原本好好的一段緣分轉變成惡緣，好聚卻無法好散。大多只是更加證明了為求一團和氣，說沒關係啦、人都有情緒之類的話，對於解決事情的意義不大。因而我在處理人事時，特別謹慎小心，丟出機會後仍未改善，便從了解其他夥伴的想法、凝聚共識著手，一旦有人離開，大家重新分配工作共同承擔組織特別時期的異動。

　　就業市場上有很多的工作性質是即便訂出優於業界的待遇仍不好找人，餐飲業便是其中之一。有一回在桃園店剛面試完一位來應徵幹部的求職者，一同面試的店長抓著我問：

　　「大哥，你為什麼不問他上個工作離開的原因，我去找工作都會被問這個問題？」

其實我對這群夥伴非常肯定，
新世代的夥伴會的東西比我們那個年代多很多，
進步得也比我們快，
唯獨缺的是機會與經驗。

「那個叫廢話，他會跟你講真的嗎？就算講真的，你也不見得相信。」

我對夥伴解釋，只要從求職者過去的資歷去問你想探究的層面，進入我們這個團隊後他能夠展現的方向，然後在面試過程你會知道這個人是笑的或不笑的、是歡樂的或不歡樂的，不歡樂的他有沒有機會可以歡樂，過於歡樂的有沒有把他抓下來的可能性，這才是你要的答案。

我於徵選幹部的面試過程，通常會偕同該分店副店長以上的幹部共同參與，讓他們親自感受與不同面試者的應對，以及如何向面試者傳達公司文化與理念，進而使夥伴從中得到啟發。再者，我認為好的工作環境應該具備三個要素：

一、你的薪資比同位階、同類型的工作好；

二、你的工作環境是愉悅的，沒有勾心鬥角；

三、你所服務的企業是具有願景的。

從這三點來評估我們所提供的工作環境與條件，平均薪資落於40,000 元，已高於業界 10%；工作場域的和諧度一直是我所重視的，營造家人般的情感之外也強調公平、公正原則，沒有徇私包庇，同事間的和諧度自然會帶上來；最後願景的部分，公司每年度都有新營運目標，還有很大的成長空間與能量發揮，也透過多元通路、數位行銷使酸菜白肉鍋更加普及化，讓夥伴們跟著企業共同向前，一起做些好玩有趣的事，而非流於不停展店與業績的追求。

今日公司所能給出的薪資條件能與組織規畫達到相輔相成，甚至優於業界，並非一蹴可及，以工讀生為例，從早期每小時時薪 79 元來到今日的時薪 158 元。一直以來，我與幾位核心督導無話不談，早期的薪資水平的確沒有特別的優異，當時督導們向我反映這樣的薪資沒有辦法找到很好的員工，我反問他們：「要在這家餐廳工作的專業能力難度，需要找一個時薪 180 元的工讀進來嗎？我們現階段的任務，需要找一位有豐富國際餐飲經驗的人進來嗎？」答案當然是不需要，重點還是在於主管階層有沒有辦法克服管理上的問題、提升向下管理的能力。有時幹部遇到怎麼做都帶不上來的新進同事，就來問我：

「能不能把這個人 fire 掉？」

「fire 一個人很簡單，但這不代表你能力好，反而顯現出我們的無能。」

我這樣回答後，這位幹部能夠聽得進去，回頭於管理面尋求自我突破。

品牌草創階段的利潤無法負荷高薪，僅能在人力與薪資之間維持平衡點。而現在階段性任務預備啟動之際，我也選擇把利潤釋出，展現在徵選職務的薪資條件上，這麼做無非是希望更好的人才，此際能大量晉用。依照以上幾個原則，如果找不到一個合適的人，或這個人進來後覺得公司提供的條件不好，也沒辦法，那就另請高明。不過，目

前已經有些餐飲學校認為開出的薪資條件不錯，主動來找我們洽談建教合作的可能性。

中國人講「德要配位」，意思是你的專業程度、你的付出和職場所需要的，必須與你的薪資條件對等。6年來，我們持續精進店務作業流程使其簡單化，讓新進正職與工讀生能在1至3天的時間快速上手，專業層面的工作真的不難。對於工作夥伴，我更在乎的是「觀念能不能一起往前走」；這中間他要能夠獨當一面，展現靈活彈性的管理，擁有足夠的向心力以對內、對外的推動品牌核心思維。歷年徵選幹部的過程，曾有一位求職者令我印象深刻，這個人曾在五星級飯店、連鎖餐飲集團和知名高檔鍋物工作過，就履歷來說應該是位資格相當符合的人選，實際面試時也真的很不錯，但是當我問他：

「你願不願意去洗碗？」

「可以洗，但我的能力是在管理面。」

要加入這個大家庭，不需要具備博士學位或是餐飲經驗豐富、飯店經理人出身，而是能發自內心跟著公司一路踏實地走過來的人，因此我也對幹部們說：「絕不會從外面調一個經理人來管你們，能管理這個團隊的人，一定是和我們從底層一路苦幹上來的，因為他絕對沒有你們對了解這個品牌。」我一直深信3個臭皮匠勝過1個諸葛亮，這個社會怕的是你自己進步，而不是你能倚靠的那個專家。

第三道防火牆：住商辦策略擴張版圖

　　一家店是否值得投資經營，可從以下三方面評估，有了總成本再估算獲利度有多少。

　　一是變動成本，指的是食材價格因市場行情而有變化；
　　二是固定成本，指的是承租的店面租金；
　　三是變動中的固定成本，指的是利立地條件所造成的差異。

　　前二者是營運會計項目中，大家耳熟能詳的部分，坊間對於一間餐廳的各項成本結構應佔營收比重的議題多有探討。但以我個人的經驗而言，更看重的是變動中的固定成本，即開店前的立地條件對未來餐廳經營所帶來的影響，包含：人潮、車潮與相對的消費作息。當你在找店鋪時，如果受限於特定成本結構佔比規劃，只要超出某個金額的店租就完全不加以考慮，這樣的作法有時也等同是讓營業額發展幅度受限了。所以在考量開店新據點時，我們同時會預估此立地條件將創造的營業額，如果這個地點能創造出越高的營業額時，其風險相對會降低。因此在選址時，店租高低不是唯一考量，如同部分產業偏好開店在店租較高的三角窗位置，看中的便是其具宣傳效益的顯眼店鋪曲

面、有車族好臨停等因素。以新型態酸菜白肉鍋的餐飲性質與營業時段而言，營業據點的客群條件是不是符合我們所設定的「住商辦合一」性質，更為重要。

住宅區的消費者能在晚間、假日來消費，商業活動頻繁的區域則能帶來外來客，以及吸納辦公大樓上班族的午間或下班後的用餐需求，這三種客群通常都存在定時與不定時的聚會聚餐特質，貼近品牌定位——團圓共桌吃飯。而這也是為什麼我們的桌椅擺設規畫在圓桌、包廂的比例會越來越多，市場上的確是有這樣的需求，從經營多年累積下來的數據分析也顯示，越多人來吃飯反而食材越省，這類型的客群對聚餐重視的是用餐環境舒適度與食材精緻度，和想要在吃到飽餐廳來個大胃王比賽的人是大相逕庭的。

不過，一開始決定在餐廳裡設計出包廂空間時，夥伴們其實有點抗拒，不外乎是覺得包廂服務於上菜與進出在實務方面感到麻煩。可是實際運作下來得到的反映，以規畫有 3 間包廂的青島店其使用狀況為例，一間容納 6 人、一間容納 12 人、另一可容納 18 人，將近 36 人所呈現的營業額絕對是十足漂亮，聚餐型顧客通常於食材方面點個 2、3輪就不會再點，交誼喝酒的性質高於來吃夠本的，這樣的團體客人不用到大飯店或高級餐館用餐，就能享有舒適的獨立空間，也不會影響到零星的散客。

包廂空間可讓團體客人不用到大飯店
或高級餐館用餐，
就能享有舒適的獨立空間，
也不會影響到零星的散客。

第四道防火牆：
為年齡中位數設計產品

投入火鍋業的過程，一路從日式涮涮鍋做到中式酸菜白肉鍋，直到 2019 年）以酸菜研發多元中式菜色之餘，開展了新型態的二代店——價格更具競爭優勢、坪數下修拉高坪效，更將酸菜白肉鍋商品化打進超市通路，除了「平價、高 CP 值」的價格定位不變之外，我們於消費模式、食材挑選與選點策略等環節都緊跟著時代潮流。為什麼會有這番轉折呢？與對台灣人口年齡中位數轉變的因應策略有關。

1986 年台灣人口年齡中位數是 20.4 歲，代表當時是年輕世代為主、國力強盛，處於經濟起飛期，經過 30 多年的 2020 年後，推演年齡中位數將落在 43 歲，也就是 40 歲中年世代，反映出的社會現象是生育率的下降，當初的年輕人儼然成為台灣今日主要的消費力道。

那麼 40 世代背後的壓力是什麼？這群人通常已經成家，有小孩的話大概正在國小、國中就學，自己的父母可能剛退休需要被扶養照顧，處於成家立業人生轉捩點的 40 歲，經濟負擔相對很重，他們對於平日用餐或偶一為之的聚餐開銷開始會有所拿捏。

　　就目前眾所周知的酸菜白肉鍋一代店，可視為品牌大型旗艦店，以每人消費 460 元吃到飽的消費定位，對 40 世代來說，除非是公司、家庭聚餐的特殊需求，很難有高頻率的消費次數，故新型態的二代店企圖打進社區降低消費門檻，提供一個環境讓家人、親友可以無負擔的聚餐，還能吃到優質的產品。

　　也因著二代店的走入社區計畫，為了符合更多人的口味需求，而供應青麻辣味、泡菜等湯頭選擇。如此發展其來有自，一對 40 世代的父母帶著小孩出門吃飯，一半的機率以上會以孩子想吃的為主。透過多元化的湯頭吸納更多的消費者進門探路，讓我們的核心主力品項──酸菜白肉鍋，有機會成為大眾日常餐飲消費的親民選項。

經營心法

過去待在警界學到一件事：要做出一個100%完美決策是不可能的，但如果能夠做到符合80%大部分人的需求，就算是很棒的決策，另外的20%藉由改善讓它趨近完美，商業經營更是如此。人的部分是整間店鋪的重心，一家店的風格跟著店長走，任何管理都是由人的行為一項一項拼組而成，絕不會因為餐廳裝潢的像皇宮般美輪美奐、有包廂，生意就一定會好。

台灣年齡中位數之變化與預測

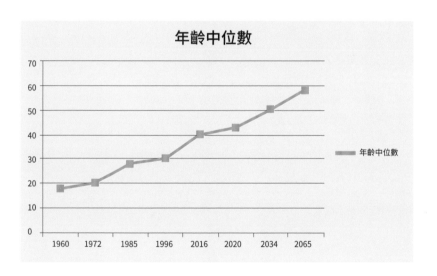

Chapter
7

資料採礦
挖出消失的營業額

運用資料進行採礦分析，可以讓你看到很多沒有看到的東西，一般人在談論的「數據集市（Data Mart）」只是冰山一角，在進行資料分析時都只有分析到1／10，其他冰山下的9／10要用資料採礦的方式去探勘，也就是所謂的大數據分析，藉由精算將巨量資料從過去的洞悉歷史進化到預測未來，才能看到你原本沒有看到的東西，開創超越同業、引領餐飲業的商業模式。

比起其他餐飲業者，我可能稍微幸運了一點，很早就體認到掌握資訊脈動的重要性，具備資訊管理背景對於後來投身餐飲創業的經營管理面向提供了很大的幫助。一開始使用的電腦系統是跟廠商買模組，自己搭套裝、做系統與介面，當時外面一套要賣 12 萬元，我動手設計只花了不到一半的費用，而且裡面的報表系統完全都是針對店務管理需求量身製作，就這樣打造出自家的第一代餐飲系統。今日的餐飲從業人員已經不是靠著一雙好手藝就能打天下，因應時代變遷所迎來的食材成本波動、勞動成本提高和行動支付趨勢，餐飲人應比過去任何時候都更重視營業資料庫的累積與分析，多年來我們善用數據分析強化管理深度，同時用以提高工作效率達到人力精簡，也透過精準行銷策略使營業額極大化。

預判未來是管理者重要能力

前文曾提及，於某高檔涮涮鍋連鎖品牌加盟過一段時期，當時教育訓練帶我的師傅叫阿三哥，嚴謹要求我從洗碗工做起，直到成為合格店長。後來我也不負眾望的升格為店長，但擔當店長的第一天，阿三哥對我說：

「今晚外面的場子全交給你，我就待在辦公室，有事也不要來問我，自己想辦法。」

然後，他就真的從傍晚5點半待在辦公室內沒出來過，兩個小時後，他才把我叫進辦公室，接著說：

「你待會出去，5分鐘後外場的怡婷會掉盤子，再到地下室會看到兩個人蹲在出菜口附近聊天，最後到廚房後巷，小林肯定又坐在摩托車邊上抽菸。」

我心想：真的假的？半信半疑的走出辦公室，沒多久外場傳來「鏘——」的一聲，往發出聲音的方向望去，真的是怡婷闖禍了，頓時全身起雞皮疙瘩，心想：還真的給阿山哥料中了；接著，地下室聊天的人、摩托車邊上抽菸的小林——被阿三哥神準預測。我跑回辦公室追著阿

三哥問：「你怎麼會知道的？店裡有裝監視器嗎？」當時他只回我：「以後你就會知道了。」

　　直到幾年前的某一天，我在自己的汐止小火鍋店時，回想起這個故事，我依樣畫葫蘆的和店長說：「10 分鐘後外場那個新來的女工讀生會弄掉盤子。」店長回我：「怎麼可能，不可能啦，別嚇我好不好？」果不其然，10 分鐘後就傳來碗盤掉滿地的聲音。那時候我終於體悟到阿三哥當時的用意，也了解領導者要有預判能力，這個能力不是神話，而是來自於經營者平常對店內整體事物的用心觀察。

　　當時我的判斷標準很簡單，晚上 7 點是店裡最忙的時候，而新來的女工讀生平常收桌子的習慣都是堆得很高，平衡感不錯，但她今天看起來特別的心不在焉，稍不留神就應準了我說的話。「預判」，是一位管理者應具備的重要能力，而預判能力通常來自經驗值，積累自你平常對於店務大小事的觀察是否夠用心，如果不夠用心或是注意力放錯地方，是沒辦法與預測能力產生連結。

　　又有一次，也是發生在汐止小火鍋店的事。營業前，我正在店內對帳做報表，順便把 POS 系統所記錄下的消費時間、桌次與鍋品等資料進行採礦分析，發現一條很有趣的資訊：平日中午時段只要坐在 A6 桌的客人，點霜降牛肉鍋的機率高達 70%。為了證明這個分析結果，我交代店長：

　　「等等要是有客人進來，帶位到 A6，點餐時推薦他點霜降牛肉鍋。」

店長想都沒想就回我：

「不可能！平日中午絕對是點大眾牛羊豬鍋其中一種，不可能點霜降牛。」

雖然店長這麼說，我還是要他去試試看。過沒多久，店長點餐回來帶著滿臉不可思議問我：「大哥，真的耶！他真的點霜降牛，你怎麼知道？」其實這件事到現在，我自己也無法給出一個正確答案，只能說這完全是資料分析後的結果，硬是要事後諸葛的話，猜想位在店內角落靠窗位置的 A6 桌次，與其他桌次的距離舒適度比較優，因而也是大部分顧客最喜歡的位置，當客人指定要坐那個位置或是被店員帶位到這個位置時，其內心可能會產生一種尊榮感或是原本今天就打算好好的享用午餐，所以願意多花點錢，點用價格略高於大眾牛肉鍋 40 元的霜降牛肉鍋。以消費心理學來說，這的確是合理的思維。

經營心法

資料採礦（Data Mining），是一種新的且不斷循環的決策支援分析過程，能夠從龐大的資料量中，發現出隱藏價值的知識，提供給企業專業人員參考。事實上，「資料採礦」這個名詞出現的很晚，但其發展卻極為迅速，被廣泛運用於企業界及醫療研究上。此一技術是以極大的資料量為出發點，如何有效率且正確的從龐大資料庫中汲取有用的資訊，將成為未來企業發展過程極大的挑戰。因此，妥善運用資料採礦技術，必能產生企業的競爭優勢。2000年由麻省理工學出版刊物的《科技評論》（Technology Review）元月號中預測「未來將改變世界的十大新興科技中，資料採礦技術名列第四」。

數據分析讓內場流程變得超簡單

上述實例說明了經營者預判能力的養成，源自於自身日常的用心觀察與善用資料分析技術，多年於資料採礦領域下功夫，讓我從小火鍋轉經營大火鍋——酸菜白肉鍋品牌的開創，於設計管理規範層面起了相當作用，其中最顯著的例子是改善內場廚房丸餃站的工作訣竅。負責丸餃站的同仁，平常一個人要負責將近 50 種的丸餃品項，你可能會想：遇上尖峰時期的話，這個職務可能要具備千手觀音的絕技，才忙得過來？

事實上，丸餃站的工作方式設計是經過數據化的分析與管理而成，藉由跑數據得出消費者最愛吃的前 20 種丸餃排名，除了作為各品項採購數量參考之外，對於進化丸餃站工作流暢度的提升有很大的助益，整個丸餃作業區的品項擺放先後順序依照排名結果，讓負責的同仁閉著眼睛都有辦法備料，伸手可及的地方就是「點用率較高的丸餃」，其他區域則是「較不常被點的丸餃」。

內場丸餃工作站布局

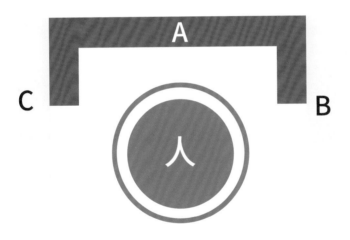

A 區為受歡迎的前 20 名
B 區為較少被點用的
C 區更次要區域

此外，我們每 3 個月到半年期間會做一次統計分析，假設中間有丸餃料新品推出，也可在經過市場測試一段時間後，輔以各店銷售狀況，判斷丸餃料新品受歡迎程度，同時順應調整各店內場丸餃站的擺放位置。就整個丸餃作業流程，從採購下單、庫存管理、外場推薦、內場備料等 4 大環節，環環相扣之下能促進產生優化流程的精進循環。所以在我們的餐飲團隊裡工作，一個人可以有效率的負責很多事情，這都要歸功於善用大數據分析協助工作流程邁向最佳化。

我們再看一個數據案例其背後展現的意涵。在用餐限時 90 分鐘內，平均每桌顧客點用的肉盤是豬五花 1.72 盤、梅花豬 1.3 盤、牛肉 1.42 盤，那麼可以如何應用這個數據進行管理呢？

一、回推耗損與進貨量：假設每日中午平均有 10 人來用餐，便能推估豬五花肉盤的出餐數量約有 17.2 盤，而肉站同仁在切肉的厚薄度與擺盤量應是固定的狀況下，能簡單從盤數換算出重量，進而對事前該拿出多少肉品微解凍做好準備；再將流程往前推一點，當店長要下採購單時，他將以這個數值來對照庫存量與冰箱容量作評估。一旦進貨量超乎預期，總公司的管理層透過對接的 ERP 系統能馬上發現問題、進行了解，是明天有大量訂位呢？還是下單時數量打錯了？這在管理面有相對的意義。

二、耗損數字異常警訊：肉品消耗平均值代表消費者喜好的肉品比例，一般而言，來到酸菜白肉鍋餐廳多以吃豬五花肉為主，當這個比

例出現變動，排名第一的豬五花肉銷量降至第二，而梅花豬肉出餐盤數增加時，管理者不免要去深究是不是供應的豬五花肉品質出了問題，所以客人改點梅花豬？還是受到突發性的食安事件或農產品疫情影響，改變了大眾慣常的飲食方式？又或者是因為其他原因呢？

餐廳運作常會遇到一種狀況，第一次造訪的顧客會傾向仰賴外場服務人員的推薦點餐，最常聽到的問題有「店裡的招牌料理是什麼」「你推薦什麼比較好吃」。客人的提問屬人之常情，但實際層面容易產生考驗人性與應變能力的狀況，有些同仁可能因為自己不喜歡某個品項，在介紹時便不會特別去推薦，只介紹他自己想要的東西，有時可能會與餐廳主打招牌背道而馳。

這在過去經營小火鍋店時是常見的狀況，曾經就發生大眾羊肉鍋在其中幾天賣得很好，但根據我們的經驗牛豬雞鍋都可能成為賣得最好的品項之一，怎麼都不可能會是接受度較低的羊肉，後來才知道是某位同仁自己喜歡吃羊肉，而向客人推薦大眾羊肉鍋。那一次透過數據分析發現，原來員工是會依照自己的喜好來做事。如果是向老顧客推薦嘗試其他品項，又或顧客本身已表達愛吃羊肉，那麼這個作法本身沒有問題，但如果是首次造訪的顧客，較佳的應對方式仍應以餐廳招牌餐點為主要推薦，留下好印象以提升回訪的可能性。從此故事可以明白數據分析出來的只是結果，管理者如何「解讀結果」端賴經驗去洞悉背後隱含的意義。

透過這些實際操作的案例說明，可以了解到連鎖餐飲業加盟總部很大的功能是，肩負為夥伴（總公司幹部、加盟主）解決痛點並進一步「避免重蹈覆轍」，以協助他們快速上手而非自行摸索工作方式，也讓夥伴的每一動作舉措的背後，都具有實質意義，都能有助於推升業績，這對未來只會越來越競爭的商業市場而言，是必要的管理能力。就像前面提過的 A6 桌次與霜降牛肉鍋的關聯性，外場人員不再是抱持推推看的心態或當作例行性的詢問，而是能針對不同的客群給出真正對他們有用的推薦與建議，然後你還能提高客單價，何樂而不為？丸餃站的工作優化亦是如此，當新進人員找不到工作方法，又遇到店長帶人能力與觀察力尚待加強時，核心團隊透過解讀大數據分析結果，主動介入支援與提出修正改善，企業經營的獲利模式才能持續升級。

貼在我的辦公室牆上的
自我砥礪和員工的愛心。

Chapter
8

ERP
強化數位行銷精準度

一項產品要抓到族群，而且培養他不會想離開，其實蠻難的。行銷的概念是把魚迎進來後，你得把自己的生態池做好，而好的魚池仰賴三要素：良好水質、氧氣足夠、魚群充足的食物。顧好這些魚兒就可以活得很好，還怕牠長不大嗎？客群的培養也是同樣的道理。對於吃火鍋蘊含團圓團聚的概念，我們藉由找到「關鍵的目標顧客」，讓更多魚兒同伴想到這個魚池優游，生態圈豐富了，魚兒自然長大，行銷的真諦莫過於不斷地重複這個過程的精髓。

曾經有位心臟科醫師表示，自己花了 30 年的時間於醫界奠定心臟科權威地位，他很希望有一位年輕醫生能夠跟著他 3 年，那麼他將把這 30 年的功力全部傳授給年輕醫生，讓這位年輕人擁有這 30 年功力後繼續做下去。

　　而今我們靠著自己的努力和過去的經驗值，在火鍋業中另闢新頁，持續累積 ERP 資料庫並善用資料庫進行數據分析，為的就是提供總部管理階層、行銷夥伴，以及未來的加盟接班者能夠很快地進入狀況、掌握組織，進而做出又快又準的決策。無須像我們在草創過程花很多心思、預算在商業市場裡衝撞。數字會說話，透過解讀數字，便能鑑往知來，比說破嘴還有用，還有說服力。

量身訂作 ERP 變形金剛

過去服務於警界的經驗，不免也會覺得警政單位是一個蠻封建的官僚體系環境，但從商之後，反而覺得公部門的科層制體系的優點不少，其精髓在於嚴謹的層層控管。要在市場行走，企業的商業腳步不僅要快也要求穩，將過去的經驗值去蕪存菁，把好的部分帶入餐飲管理的「企業資源規畫系統（Enterprise Resource Planning）」，即俗稱的 ERP 系統。一般小型的、個人經營的餐飲業採用單一「銷售點終端系統（Point of Sales System）」，即 POS 系統便已相當足夠，但欲創建酸菜白肉鍋的連鎖加盟發展藍圖，我們除了朝向分層系統的建置，亦開發出具交叉管理的督導系統。

舉例來說，各店 POS 系統中皆有「叫貨系統表」，當店長輸入今天希望達到的營業額數值，系統將主動跳出「標準叫貨量數值」。這個輔助建議的產生來自我們長久累積的資料庫數據分析，它將一周 7 天的營業狀況，概分出平日、周五、周末等 3 種營業特性的叫貨量，所以今天不論是由店長或是其他正職同仁來負責叫貨，都可以透過系統的建議數值來下決策。

而從 POS 系統延伸架構出的 ERP 系統，其作用是當庫存量與叫貨量的項目加總後超過 10% 的數值異常時，系統將自動回報總部的督導

人員，再由管理階層針對紅色警示數值去決定是否核准該店多叫或少叫貨。

當然，要產生一個能如此層層管理的機制，必須累積自日常的每一筆數據資料，擁有了數據，才能應用資料分析的功能，進而客製出為加盟總部所用的 ERP 系統架構模式（schema），也能根據管理需求設定相關「允許數值（allow 值）」，一旦偏離建議數值設定，系統自動警示哪個流程出了問題，是否正有異常交易資料出現？像是當央廚準備出貨到各店，有沒有哪幾筆物流配送量是不對的？這個錯誤是報多了還是報少？系統設定的允許數值將會第一時間跳出來告訴你。

只要模式架構的到，ERP 系統都能抓出任何所需資料，例如接受到一筆 6 月 3 日晚上 7 點某客人對食材的客訴時，可以馬上從 ERP 系統調出是哪個桌次的顧客、該桌的消費人數與金額、當晚點了哪些食材，再依據這筆資料了解是內部控管問題，還是物流端或廠商供貨出狀況，加盟總部或分店經營團隊能快速地掌握整體情況，給予顧客一個有效率的滿意答覆。不再像傳統的管理方式於缺乏數位化資料的狀況下，僅能藉由考驗當班者的記憶能力、回頭追問顧客狀況來了解釋事件全貌，等到釐清問題時也已經失去了這位消費者，又或根本無法釐清追溯，只能警惕同仁防範同樣的問題再次發生。

然而，我們要知道有些消費者願意對店家客訴、選擇利用社群媒體的評價機制直接給負評，這已經算是好的，算是給總部／店家一種警

訊，使你還有改進的機會，但其實有更多的消費者是沉默的，他們通常不再光顧，也會透過口耳相傳將不好的感受傳遞出去。所以 ERP 系統建置與嚴謹的組織自我管理確有其必要性，它也將成為企業組織最龐大的無形資產。

整個 ERP 系統的架構模式是相通的，因為互有關聯性，宛如玩魔術方塊找到正確的轉動軌跡，就能得出想要的結果。因此我們相當在乎每一筆資料的建置，透過各店結帳人員於 POS 系統登錄進每筆消費的桌次、人數與用餐紀錄，從中找到消費模式就等於找到獲利模式。在統一性的大方向策略裡配合各店商圈與客群的差異性，微調經營方針，企業總部的每位核心幹部每日首要工作即是在系統中撈數據，只要稍有變化就馬上處理，而不是等到 3 個月後才發現，或是客怨產生後才處理。未來經營版圖日益擴張後，勢必得靠大數據分析來保有的靈活彈性應變能力。

此外，ERP 系統還有一個最好的運用面向那便是發揮在行銷策略。假設我們接下來要做一檔針對小資女的行銷活動，可以從 POS 系統針對特定月份區間、女性、三人以上的條件設定，從得出的數據資料分析行銷策略該祭出什麼樣的優惠、活動時間、宣傳形式，其所產生的效益會是最好的。

東北之家專屬 ERP 系統架構應用

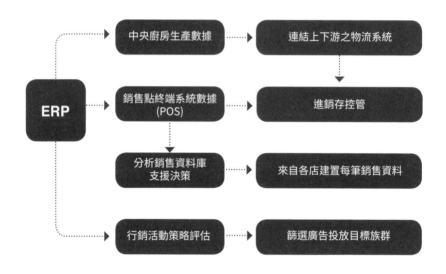

經營心法

2019年投資了400多萬重金量身訂作的管理系統，整合了ERP系統、POS系統、指紋系統三大區塊，並導入6年來所積累的各式營運標準化數據。譬如，一直為餐飲業成本重擔的人事成本，透過總系統的建置，能細分為平日、周末兩種人力配置成本，一旦輸入人力分配超過建議標準，將為各店管理者提供警示作用。輔以指紋機取代傳統的打卡鐘，能有效杜絕代刷問題，促使員工能自律的於有效時間內完成分內工作，從而對總部乃至分店的人事成本管控，有相當助益。

有了這套新系統，總公司於管理就變得更輕鬆。每天早上10點於林口辦公室開會，了解營運和行政二大區塊，再分析每日報表所呈現出來的數值，針對異常狀況進行查辦，10分鐘解決每日例行會議，工作效率大大提升。

淡季不淡的社群行銷術

　　早期不管是連鎖品牌加盟或自營小火鍋店，在行銷宣傳層面願意著墨的力道少之又少，更遑論對新世代網路社群的耕耘。此一現象可能也與餐飲業過於競爭、獲利有限有關，新開店往往在開幕優惠甜蜜期過後，人潮瞬間衰退，除非該品牌在市場已經具有一定知名度，為開展事業版圖到新區域開疆擴土，不然新品牌加上新手老闆，很容易身陷苦戰。

　　坦白說，我也是在建立酸菜白肉鍋品牌後，才真正開始重視行銷，所以於行銷戰術的策畫很多都是第一次嘗試，失敗或成功，我認為都是好事。以火鍋店的行銷重點而言，通常投放在四個時間點：新店開幕、夏日淡季、因應時事與節慶，以及生意突然下滑（譬如附近有新餐廳開幕勢必會受影響）。

　　從我們過往操作行銷活動的經驗來看，「快閃限定價」是歷來相當受社會大眾青睞的活動。快閃模式可能採「限量」或「限時不限量」兩種策略，像是曾推出限量「4 人同行 1399 元餐券」，原本單人吃到飽消費金額為 460 元，這組超值餐券的折扣打到 76 折，等於每位消費

者現省 100 元。對於抱持觀望心態、有預算考量、剛好有聚餐安排的陌生消費者,是觸發他們呼朋引伴嘗鮮的一大誘因。

來店顧客問卷回饋:
你多久吃一次火鍋?

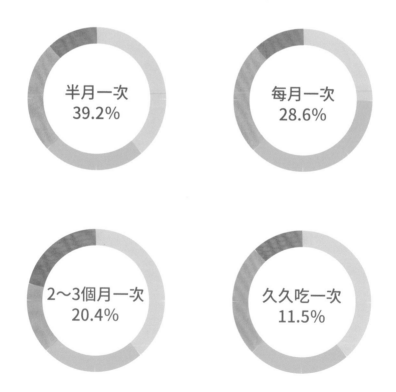

半月一次
39.2%

每月一次
28.6%

2~3個月一次
20.4%

久久吃一次
11.5%

這種作法其實近似於時下流行的「團購券」，我們於開業後的前期也有不少團購平台尋求合作，不過要共享團購平台既有之網路流量，平台商相對會要求商家提供 6 折以下的超低價格，一檔活動辦下來幾乎毫無利潤可言，只能視為變相的行銷宣傳費用。對於新開店尚不具市場知名度的餐廳來說，初期為吸引潛在客群、達到曝光目的的話，可偶一為之，但不適合長期仰賴團購平台作為培養客源的行銷主力。幾次團購活動操作經驗，我們開始嘗試自己販售優惠餐券。事實證明，賣得不比團購平台差，甚至有時候回收效益是更好的。如此一來在行銷操作上便能配合經營彈性，也能留住消費者持續關注臉書粉絲專頁的官方動態。

網友只需在開賣時間上網填寫表單，工作人員接著發送電子憑證至其電郵信箱，在這階段不會有金流產生，顧客僅需於特定期限內來店用餐，出示憑證序號進行核銷，便能以優惠價格用餐。即便領取優惠憑證序號的網友忘了使用，彼此間也沒有損失或票券退款等問題。

以操作經驗分析，每次舉辦快閃活動約可達到約 500 組，兌換率約可達 6 至 7 成，換算 350 組的客流量等於當月份確定至少有 1400 位客人，活動效益極佳。再則，一般我們的行銷活動規畫會以 4 人為單位，此與店內桌椅設計多為 4 人 1 組的卡式座位設計有關，有助於座位使用率達到最高。

當然，我們也推出過經事後檢討被認定是失敗的行銷計畫。餐廳活

快閃活動操作

> **Step 1**
> 臉書預告快閃活動

> **Step 2**
> 網友留言分享填表單

> **Step 3**
> 餐廳寄發電子憑證

> **Step 4**
> 顧客到店兌換與消費

經營心法

當一位陌生顧客進到餐廳來，你的餐飲口味、整體服務等各方面具有一定水平，能滿足顧客喜好，那麼來這裡吃飯的慣性將於無形中被建立，更進一步的是想和親友分享這間餐廳。中間操作的關鍵在於；一、如何與陌生顧客建立起第一次造訪餐廳的經驗；二、丟出什麼樣的誘因能讓顧客想再來第二次、第三次。21世紀的餐飲從業人員應重視消費大眾對品牌認知度與好感度的培養，並應用資料庫的數據分析找到目標顧客，投放他/她會感興趣的行銷策略。

動與社群媒體結合的行銷方案，是時下流行的手法，邀請來用餐的顧客在 Facebook 進行貼文轉發、打卡或標記朋友等作法，一來可提高品牌在社群媒體上的能見度，二來藉由單一消費者觸發其社群朋友的關注。

有一年暑假正逢父親節到來，那次推出的活動是：男性來店用餐在官方臉書粉絲團專頁與活動貼文 2 處按讚，然後在活動貼文下方標註朋友，我們就會贈送單點區菜單上的大白蝦一份 2 隻。活動結束後評估下來，反應並不如往常活動那麼熱烈，分析背後原因：可能是基於成本考量而設定 1 位男性供應一份 2 隻大白蝦，部分顧客反應操作步驟太多，回饋卻沒有超值感受；其次，愛吃酸菜白肉鍋的族群以女性為主，即便是父親節活動同桌吃飯的女性亦不在少數，所以推行上有點顧此失彼。

之後，在下一波的中秋節活動，改以每桌為單位，回饋的品項則是特地採購菜單上沒有、非常美味的當季金門蟹，這波活動設計得到不少消費者的好評。近年社群媒體的宣傳力道已經讓各行業經營者不得不重視，所幸東北之家團隊平均年齡落在 30 歲左右，這讓我們得以在每一次的行銷推廣上能快速反應市場需求，靈活應變，再加上數據分析的後援與策略修正，讓每一檔活動做下來都能比上一次有更好的營業表現。

Chapter

9

破壞性優勢
打開鍋物新里程

某天難得能好好休息的下午，我和夥伴玩起時下流行的金礦遊戲，兩人一起挖礦，沒人知道未來會如何，何時會是挖礦的盡頭。現實的創業環境也是如此一回事，這條尚未鋪上柏油、充滿泥濘、沒有指標的道路，有人受不了顛簸，選擇放棄先離開；有人則是繼續往前挖，秉持著只要相信就能做到。

我心裡多年的體會是：重點不在能不能挖到，而是到達目的地之後，有沒有勇氣決定下一步繼續往前走？

對於餐飲連鎖加盟事業的發展，品牌本身代表著元帥，背後會有三支令旗。6 年前，我們開始跨足酸菜白肉鍋，陸續開設大型旗艦店之餘，也於這段時間整合上下游資源，闢建中央廚房、建置相關資料庫，以及反覆進行數位行銷活動測試，為開放加盟事業預作準備，是為第一支令旗。要如何確保這個軍隊出去部但可以打仗，還能走得可長可遠？將原本僅能進到餐廳享用的酸菜白肉鍋商品化，除了攻下年節圍爐長銷禮盒之外，2019 年下半年品牌名稱再進化為「東北之家」，一舉推出原味和青麻辣味兩種酸菜白肉鍋湯底，獨家進軍全聯，於火鍋祭檔期有亮眼表現，是為第二支令旗。

青麻辣味湯底強勢登場

不可諱言，於草創階段有一段辛苦經營的時期。自供應多元風味湯頭的小火鍋起家，團隊中自然有人提出「要不要兼做麻辣鍋，發展多元客群」，包含我自己也很想做麻辣湯頭。但在《大店長開講》（商業周刊，2012）一書談到麥當勞剛到日本發展，因應當地民情而推出新產品米漢堡的過程，其中強調「面對價格破壞，要回到自己的戰場」，把這個概念放到酸菜白肉鍋來作自我分析的話，把酸菜白肉鍋做到極致化，那才是我們的戰場；賽局理論裡也指出，做決策前要選對手，我們要面對的是其他的酸菜白肉鍋業者，當務之急是在同業中做出自己的風味、建立消費者的認同，不是另闢戰場將麻辣鍋視為競爭對手。

直到經營的步伐日趨穩健，以高麗菜製作酸菜的製程到位，中央廚房的建置也上軌道，才有餘力再思考為這張酸菜白肉鍋餐桌端上更多元多變的菜色。「圍爐」概念是我們經營酸菜白肉鍋品牌的初衷，如何讓這張餐桌在既有的一鍋湯、優質蔬菜和嚴選食材之外，還有炒料、有麵食、有涼拌、有甜點等，展顯完整的全食主義，「吃得更澎湃、更熱鬧」是我腦中所期許的餐桌畫面。因此，品牌發展的腳步不是一

次性，而是持續自我突破創造多元產品，圍繞酸菜白肉鍋的主軸，為喜愛吃辣的朋友，開發出酸菜白肉鍋的變種湯頭「青麻辣味」於 2019 年 10 月問世！

此一麻辣風味取向的湯頭得來不易，歷時 2 年的研發實驗，中間我們也試過各種麻辣湯底作法，如加中藥材的、加豆瓣醬的，甚或運用川系的大紅袍、辣椒油，但這些風味都有厚重悶感，缺乏與酸菜白肉鍋契合的清亮感，甚至產生違和感，根本上就不屬於同一菜系。一連串研發失敗的湯頭，促使我回頭思考將麻辣香氣與酸菜結合的可能性，直到研發以酸菜原汁為基底的變種湯頭「青麻辣味」，試味道的一剎那，我的味蕾告訴大腦：就是它了！投入鍋物餐飲業 20 年，吃遍全台各大鍋品，這絕對是在台灣沒吃過的味道，但青麻辣味湯底的研發故事，可沒這麼簡單就結束了。

雖然國內有業者供應四川十三香和青花椒油此兩大麻辣湯底常見元素，但秉持實事求的精神，對於川系麻辣鍋的麻、辣、鮮、香，我決定親自跑一趟四川親自嚐嚐才行。啟程那日，飛機於晚上 10 點落地重慶江北國際機場，隔日傍晚 6 點我便回到台北松山機場，不到 24 小時的旋風式重慶行，便完成採購四川十三香和青花椒油的目的。能如此快狠準的達成任務，多虧在地友人靠譜的打點事前作業，替我找好頂級的四川十三香和青花椒油，抵達的隔日早上 8 點即出門上工，友人帶著我走訪幾個重慶市集試味道，也順道看了幾家在地知名的麻辣火鍋店，下午 5 點我已經登機準備回台灣大顯身手了。

麻辣風味取向的湯頭得來不易，歷時 2 年的研發實驗，藉由四川十三椒帶出酸菜湯底香氣，輔以青花椒油點綴椒麻感，其雖有獨特香氣卻不會搶了酸菜味道。

這趟重慶之行的意義，就如當年造訪瀋陽同等重要。不去還好，走這一趟才曉得重慶賣的材料其辣度和香氣，與台灣重要業者能供應的地道性差了很多。其中的四川十三香是麻辣鍋湯底製作常見調味料，屬中藥材，因使用約 13 種材料混合而得名，各家配方略有差異。我們在台灣所吃的麻辣鍋，其四川十三香雖運用於湯底扮演「提香」的要角，但卻經常被大紅袍、辣椒油等其他食材給掩蓋了香氣。

反觀我們的做法是，藉由四川十三椒帶出酸菜湯底香氣，輔以青花椒油點綴椒麻感，其雖有獨特香氣卻不會搶了酸菜味道，且因其有類似辛香料馬告與檸檬的香氣，與酸菜湯底契合度更好，引領著我們最在意的湯頭清亮感，一入口便香氣濃郁且層次豐富。

如今看似說來簡單，但越簡單的東西往往越難誕生。因為對我們來說，要考量的不單單是麻辣味湯底到位就好，它之於既定的酸菜白肉鍋契合度如何、加入各類嚴選食材後湯底能否維持住清亮感、會不會吃了青麻辣味湯底而吃不出其他小點心的滋味，從前製的熬大骨湯到顧客離開餐廳後的餘韻等，我們從模擬一切的關聯性到預測並細細調整，所以將重慶地道的味道帶回台灣後，還經歷了超過 16 次以上的測試調整。

2017 年因應年節需求，我們首次酸菜白肉鍋宅配禮盒，5 個月的銷售期賣出 8 千份，為品牌一個月創造出 1 千萬佳績，也促使禮盒商品成為固定推出的年節伴手禮。2019 年再度推出新商品，將原味與青麻

辣味製作成袋裝火鍋湯底推進超市，索性此一湯頭不僅通過全聯的火鍋祭試吃大會，並大獲好評；同時，我們也在竹北店率先供應青麻辣味湯底進行市場測試，同樣獲得顧客青睞，喜好程度高達 98%。

越簡單的東西往往越難誕生。要考量的不單單是
麻辣味湯底到位就好，
其與既定的酸菜白肉鍋契合度如何、
加入各類嚴選食材後湯底能否維持住清亮感、
會不會吃了青麻辣味湯底而吃不出其他小點心的滋味⋯⋯

為顧客食的安全把關

至於第三支令旗,便是眾所期待的開放加盟連鎖事業。

以打造屬於台灣人的酸菜肉鍋為核心,歷經 6 年的市場測試,無非是希望未來每位加盟的準老闆們,在快速複製創業的過程中,將市場風險降到最低。有別於一般國際餐飲集團專注集中於市中心精華地段,東北之家的策略目標是放在深耕社區,三大訴求是: (1) 親民價位、(2) 產地直送、 (3) 健康飲食。

民以食為天,台灣餐飲業品牌雖百家爭鳴,但品牌經營方針沒有比同理消費者需求、貼近大眾消費水平更為重要的事。6 年的時間不長也不短,致力於每個環節的高效益,就是為了讓價位設定趨近大眾化。透過店鋪在地經營的地利條件,將我們所挖掘的優質職人之生產食材,順勢成為日常飲食首選。

近年新北市農業局推動中小學營養午餐新主張:每周一天優質蔬菜,那麼剩下的日子呢?新世代的父母對於飲食健康與食品安全注重的程度逐年升高,但現實環境與不斷被壓縮的日常生活,總讓人不得不做

出取捨，每當有認真過生活、對自己好一點的想法時，真要執行時心中卻浮現：「算了，下次再買好了」、「又到月底了，最近先隨便吃吃，撐一下吧」……。東北之家如果能藉著品牌的力量，如果能透過各地加盟主設立據點，讓好湯頭與吃優質蔬菜成為一件再方便不過的事，對荷包也不會造成負擔的話，從一周吃一次東北之家，增加到 2 次、3 次，相信是值得期待的。當父母帶著孩子一起來吃酸菜白肉鍋，等於是吃優質蔬菜，這種習慣的養成對孩子日後的飲食習慣與家庭聚餐的記憶，多少是會帶來影響的。

當然，東北之家更期許喜愛酸菜白肉鍋的族群年齡層能再往下延伸，我們也看到部分標榜吃優質蔬果的販賣店或餐廳的長久以來的問題，他們在訴求健康的理念下卻失去了對口味的追求，吃得健康、口味清淡但收費偏高。一般民眾的消費心理感受可能是：「原來吃高檔料理是這麼一回事，體驗過就好了」、「荷包負擔不了，實在沒辦法常常吃」、「花錢吃這種沒味道的食物，不如回家自己煮」……，得到的綜合性結論是：對健康蔬食餐廳的接受度偏低。

對此，我們積極去思考如何透東北之家改變現狀，萌生調整經營路線提供廣為大眾接受的鴛鴦鍋形式，其一湯底固定為主打的酸菜白肉鍋，另一則由顧客自行選配麻辣湯底、泡菜湯底或其他廚師獨家調配湯底，這是當初決定要走入社區為滿足多數消費者需求的應變之道。此一策略背後的思維邏輯是：

一、讓原本對酸菜白肉湯底無感的客群，有機會因為其他湯底選擇

而走進餐廳。

二、多數顧客不可能在鴛鴦鍋的組合配套，連一口酸菜白肉鍋都不碰，即使同行的親友對你說很好，完全不想試一口的機率很低，共桌吃飯的分享概念在鍋物料理中很容易被體現出來。

你可能會問：那健康怎麼辦？雖然可能吃的是較重口味的湯頭，但食材是經過嚴選的、蔬菜是契作生產的。我相信未來為了吃優質蔬菜而上門的消費者，只會越來越多！

經營心法

許多女性為了減重，但又沒時間自己下廚調整飲食習慣，往往會選擇快速方便的加熱滷味，僅挑幾項蔬菜就作為一餐。事實上這個選擇對於減重恐怕有很大的疑慮，因為加熱滷味是一鍋滷到底，你可能想吃得清淡，但其他消費者所挑選的泡麵、肉品油脂等熱量全在滷汁當中，無形中你也跟著吃下肚了。下次不妨到我們的火鍋店吃優質契作，或到超商購買我們的湯底包再加購蔬菜，絕對是更好的選擇。

東北之家品牌首次商品化即推出原味、青麻辣味兩種袋裝火鍋湯底，獨家上架全聯火鍋祭，在眾多品牌湯底中脫穎而出，實際上架販售，成績亮眼

為加盟主提供完善培訓

　　每位有意加入東北之家大家庭的人，都會經歷面談過程。沒有餐飲經歷但抱持想投資在自己人生的人，總部能透過培訓讓術科補強，但如果只是捧著錢來想當慣老闆的創業者，可能彼此都要三思。

　　為什麼呢？這樣說好了，餐廳的術科功夫一翻兩瞪眼。所謂術科，指的是洗碗、切肉等實作能力，每家直營店養成的幹部都是從洗碗工做起，從而當某間店被一擁而進的客人給卡單時，現場的經營者或店長有辦法一進到內場，不用 5 分鐘就把打結的繩子給解開，讓營運恢復流暢，就算你切肉不夠快，懂得用方法調控現場狀況，那也可以。

　　我想強調的是「身為老闆得跟大家在同一艘船上，不要想著你是船長，你不是，你甚至不能安穩的坐在船頭，而是和夥伴們一起在水裡推著船走的人」。加盟創業這條路何以能成為康莊大道？加盟者的學科部分固然要與品牌觀念契合，而術科方面的技術則必須達到同步。老闆與員工的不同之處在於，一般員工只是知其然，但是經營者一定要知其所以然。看到這裡，你覺得加盟難嗎？的確不算簡單！擁有共同理念的人對於事業的投入程度優於其他人，當這個人知道、想要成

為什麼樣的自己，就算切肉不快，他會回去練，練到要求的速度，這就是他願意投資在他自己身上。

對於未來的加盟夥伴，我們必須做這樣的預判。因為當總部團隊日漸壯大，認同東北之家的新進加盟者越多，此一餐飲品牌就不再是屬於我一個人，而是大家所共同擁有的。前文章節，不只一次述及台灣餐飲連鎖加盟問題，多年後，餐飲品牌衰敗的速度加劇，有些真的是那些加盟總部只為了吸金，有時是缺乏團隊意識、貪小便宜的加盟者拖垮了品牌聲譽。所以，不是只有加盟創業者想要找值得信賴的好品牌，身為企業總部也想找願意一起打拼的加盟夥伴，這也是何以再三強調大家是在同一艘船。

熟悉我的人，或是至少在店裡遇過我幾次的人，大概不難發現我會像顆陀螺一樣在內外場、在各分店、在央廚之間不停的轉動，一方面是因為公司正值壯大期，肩頭的擔子更重了，有太多事業計畫在推動，但更主要的原因是走到這個階段，雖已無須凡事親力親為，但採購、管理、行銷、展店、人才招募等每一條經營之線都必須抓在手上，時而收、時而放，你要能教才知道如何帶領眾人、讓眾人誠服，每個打出的策略要能拳拳到肉，靠得就是夥伴間的信任，這是創業以來我對企業經營的不二法門。

一些餐廳大廚走了，就無法開門營業；一些企業走了高階經理人，內部就亂成一團，不外乎是因為老闆本身沒有掌握關鍵技術、沒有看

清事件發展脈絡、沒有準備 B 方案，走了大廚、走了經理人，彷彿被重重打了一拳，倒地不起。記得！今日的創業時代幾乎沒有靠一樣產品、一項技術就可以吃一輩子的事，你不兢兢業業，終有一天市場會先淘汰你。

創業思考題

當你有一筆300萬資金，會拿去創業還是買房子？

——300萬對每個人而言都是機會成本——
如果將300萬拿去買房，綁上20年房貸，生活品質等各方面必會受限。而房子的價值，根據目前的消費指數來計算，房價必須漲到57倍，才算達到滿足你未來生活所需的期待值。很顯然的，一旦將這筆錢投入房市，你的機會成本等於歸零，還必須不斷地持續投入。

——如果這個機會成本能翻倍，你願意嘗試嗎？——
假設現在有個創業機會，能讓你在一年半內將300萬變成600萬，但存在有一半的風險，你願意嘗試嗎？不太願意對不對？換作是我也不太願意，因為還是承擔了50%的風險；如果成功機率提高到75%，要試看看嗎？
當機會成本有機會放到極大值，開店風險已經降到最低，你敢

投注心力放手一搏嗎？300萬，對一個從基層做起的上班族而言，可能要存個10年，但是正確的創業投資可以用2年時間變成600萬。當用300萬創造出600萬時，這筆錢可以再開店去創造出另一個1200萬，但如果想走安穩的路，就能用在買房。相對的，房貸方面的負擔就不是那麼大，風險與經濟壓力也顯得輕鬆許多。

總結而言，投資一定有風險，但如何評斷這個風險是高或低？有人說創業，一靠運氣、二靠智慧。但其實有很大部分的人沒有智慧是靠運氣，許多連鎖餐飲品牌加盟的後勤團隊、軟硬體規畫，跟不上展店的速度。而以酸菜白肉鍋為定位的東北之家，是用很扎實的腳步把一些不好的部分都剔除掉（譬如供應商、工作流程、服務等），把一些好的機運我們妥善運用，奠基出現在的堅實基礎，以及對自家產品的信心，接下來才敢進一步去保證其他人有這麼好的運氣來跟我們一起做同樣的事。

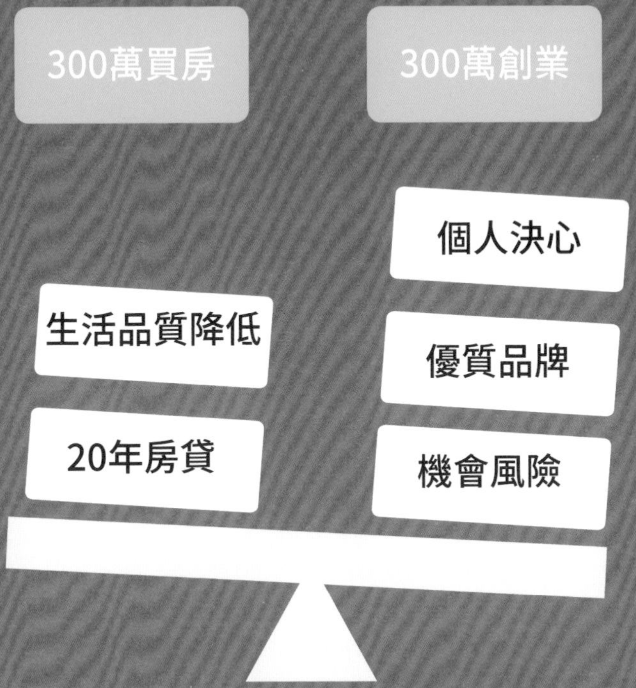
300萬買房
300萬創業
個人決心
生活品質降低
優質品牌
20年房貸
機會風險

沸騰吧！火鍋梅迪奇

　　15世紀的義大利創意勃發，歸功於佛羅倫斯的梅迪奇銀行家族偕同了另外幾個家族，資助眾多範疇的創作家，等於是架構一個有利各種活動進行的平台，吸引了雕刻家、科學家、詩人、哲學家、金融家、畫家和建築家匯聚於佛羅倫斯。這群創作家得以互相了解對方，彼此相互學習，打破不同學科與文化之間的壁壘，使得多學科、多領域的交叉思維創造出驚人的成就，開創了我們所熟知的文藝復興時代。

　　後人得到啟發，把各個領域和學科的交叉點上出現的創新發明或發現，稱為「梅迪奇效應（The Medici Effect）」；簡而言之，「交叉領域」往往是產生梅迪奇效應的黃金點，也就是當你踏進不同領域或文化的交會點時，把現有觀念結合起來，形成大量傑出的新構想，這種現象即可稱為梅迪奇效應。

　　自創酸菜白肉鍋品牌的歷程猶如「梅迪奇效應」中的碰撞理論，是在一個不同學派或自然現象裡去碰撞出新的東西，包含我自己就是最佳的例子，雖是警察人員出身，卻為資訊科技技術所著迷，也曾經在某上市櫃公司歷練並帶動股價推升，更不用說種田與火鍋的經驗也深

深運用在今日的餐飲事業上。中間經過不斷自我辯證,以及融合自己在各餐飲連鎖加盟體系的豐富操作經驗,為東北之家火鍋事業定義出新的味道。

此外,我們也積極投入社群行銷、區塊鏈應用,這看似是很奇怪的事,而我們的確在守舊與創新中拉扯,試圖找出因應時代潮流的獲利模式,甚至成為火車頭的可能性。一台裕隆汽車放上瑪莎拉蒂的引擎,你猜會怎麼樣呢?會跑得更快,還是支解?這是一個未知數,重點在於掌握方向盤的這個人如何有辦法讓裕隆的系統變成瑪莎拉蒂的車體架構,其實它就是一個團隊的組成。

猶記得品牌草創階段,第一間總店開幕初期,夥伴們每天都被我唸,唸的原因不是他們不認真而是過於認真,不知道休息、缺乏節奏感。印象很深刻的一件事,夥伴們忙過中午用餐時間,卻到下午 4 點半還在洗碗、備料,接著就要開始晚上的營業,我對著他們說:「全部人放下工作,去吃飯!」5 點半還沒到,不少客人已經陸續站在門口等開門營業,我趕緊到門外向客人們致歉說明:「抱歉,讓我們員工吃個飯,等一下,就 10 分鐘,好不好?」夥伴們都很拚、很衝,很想拚出一個瑪莎拉蒂該有的樣子,但是這份努力的心必須該有所控制和克制的部分。也因此科學園區總店一開始的士氣很棒,展現出很多很好的面向,進而能在 8 個月內達到回收 500 萬投資成本的效益,屬於我們自己的這場戰役是很成功的一仗。

我常和做生意的朋友分享一個概念,當別人做一次生意能賺 50 元,我寧可分三次把這 50 元賺回來,所以供應出的高 CP 值是有目共睹的。餐飲事業的下一個階段,除了推出二代店走入社區,於全省各地遍地開花的鋪管線、擴版圖,同時計畫與電商平台結合,讓消費者能以便利多元管道與便捷的電子錢包結帳之新消費型態接觸到我們。

其次,開展電商與超商通路亦在規畫當中。所以,雖然是將利潤分三次回收,看似薄利多銷的作法,但這個「多銷」有別於傳統餐廳只是在固定地點等待顧客上門、期待回流率自己提升,總部寧願做一些「讓利」行為,不需要自己養車、養外送人員,借助時代產業的利器就能在提袋率、能見度等各方面相對提高獲利。回到一開始所談到的梅迪奇效應,實體店鋪是餐飲事業的經營根本,而異業結盟與連線數位科技將有助於品牌間激盪出不可預測的火花,更多元的讓社會感受到東北之家酸菜白肉鍋的魅力。

當東北之家在全省各地遍地開花同時，我們也計畫著與電商平台結合，讓消費者能以便利多元管道與便捷的電子錢包結帳之新消費型態接觸到我們。

一個開始於圍爐的願景

「德要配位」是我待人處事的中心原則，究竟能發展到什麼境界不重要，而是不懈怠的持續往前，當能量累積到一定程度時，自然有力量發光發亮。如果不夠努力，好運是不會發生的。當年很多人喊著經濟不景氣，我卻選擇在危機時入市，一路為連鎖加盟事業做鋪陳，而今台灣餐飲業產值年年成長卻是僧多粥少，東北之家卻選擇於此時開放加盟，要布什麼局？

商場瞬息萬變，以前開間泡沫紅茶店可以撐個 2 年，才會稍微顯現走下坡的跡象，而今推出的新品牌如果沒有扎實的基礎與長遠規畫，大多撐不過半年，新產品的生命周期如曇花一現般越來越短。對於東北之家的品牌生命力預測，走個 10 年沒問題，但如果想將生命周期延長到 15、20 年，甚至半個世紀，有三個階段性任務要達成：

階段一、開展分店布局全台，提升整體品牌聲量，輔以上下游垂直整合，降低採購成本；

階段二、企畫延伸性週邊商品，增加銷售力道與廣度，積極拓展超市、量販與電商通路。

階段三、以實體店鋪鏈結虛擬商機，讓每一間分店能激發出無比的在地能量。

領導者要成為開路人

對多數人而言，我是品牌創辦人，但認真要說的話，我對自身角色的定義更像是「開路人」，組織目標的推動者，替團隊掃除障礙，幫助他人成功。

對於和我一樣有餐飲加盟經驗的人，針對傳統加盟總部的陋習是心有戚戚焉，近年餐飲業中值得加盟的好品牌大有人在，但連督導團隊、中央廚房、垂直整合等餐飲業者必備條件都付之闕如，以原物料採購、品牌授權的模式扮演過路財神的加盟品牌也不在少數，你又怎能指望這類總部投入行銷為品牌加盟者養客呢？

然而，東北之家，我們很不一樣。我很願意將現有成果分享給未來的加盟夥伴，協助你們創業，等於是一起成長，共同獲利。長久以來，我們以 3C 模式為夥伴做教育訓練，即公司（company）、顧客（customer）、競爭（competition）；當品牌產品夠好的時候，這家公司必然是健全的，公司的責任是為產品創造一個得受顧客青睞的品牌形象，進而營造消費型態和架構供需，當品牌聲量攀升到某個為商業市場所重視的程度，自然會引起其他競爭者進來，考驗公司的防火

牆築得夠不夠高，如果夠堅實，便能維持住供需平衡創造利潤。此 3C 模式為環環相扣，亦是循環狀態，但究竟是走向好的循環，還是劣化的循環，端賴公司自身是否有養好金雞母的體質，讓牠生出很好的金雞蛋吸引顧客，「如何生出金雞蛋的 Know How」就是我們與其他競爭者拉開距離的關鍵。

最弱的管理讓總部來應援

會選擇加盟開店的人無非是希望在創業這條路上有個值得信賴、相互扶持的夥伴，少走些冤枉路，但誠如本章一開始所說，很多加盟模式只是依靠品牌授權賺錢，頂多有個教育訓練，後續的採購、管理等經營實務，可能就放給新手加盟者自行處理。問題是大部分的新手創業者或許在過去的工作職場根本沒有管理經驗，所以常見的狀況是品牌、產品與選址三者都沒問題，最後卻敗在加盟主管理能力不足草草收場。

舉個真實的例子，在我過去還在加盟小火鍋創業時，同期的加盟者還有一位老陳。一起在總店受訓結束後，我在汐止開店、老陳則在基隆開店，兩間店的座位數都是 90 個。我因為在這之前做過其他火鍋加盟店，清楚員工心態以及該怎麼帶人，但老陳不一樣，他是第一次創業，3 個月後就聽聞老陳做不下去，店面由總部收回接手經營。

這中間發生了什麼事？並不是地點不好，據了解那間店月營業額至少有 150 萬元，老陳會做不下去，完全是管理上出了問題。開店第二個禮拜，員工跟他講說：

「上禮拜每天都吃便當，我不要吃便當，給我 100 元餐費自己買吃的，好嗎？」

過了一個禮拜，這位員工又說：

「老闆，100 元吃不飽，要 200 元。」

這類不合理的狀況一再發生，老陳的管理能力很弱、客服也做不好，最後自己感到無法負荷決定收掉。

我早期也是靠加盟一路創業過來，深知加盟者最弱的環節在「管理」，自己在這方面也吃過虧。我也不是第 1 次創業就成功的人，經歷過很多開關店的失敗經驗，但重要的是跌倒了還能再站起來，這才是真的能體會他人苦痛的領導者。未來加入東北之家的加盟主，等於是快速接受了我們多年累積的成功經驗值。

以前曾聽餐飲前輩說：「即使只有一間店都要做央廚，因為你可以把很多東西規格化，在複製分店的時候就會很快，同樣的味道不會跑掉太多。」同樣地，當發展加盟體系成為東北之家的願景，我們便在南港成立了中央廚房，2018 年 7 月因應業務量增加與為發展加盟預作準備，將央廚擴廠搬遷至林口，統整實驗廚房、檢驗中心與物流三大功能。

今日我們在眾多吃到飽鍋物品牌中，雖然還算是新穎品牌，但我們的核心團隊從小火鍋店背景起家，經驗的累積使我們能清楚掌握鍋物上下游與餐飲市場脈動，從嚴選生鮮採購、獨家料理研發能力、高效

人力運用搭配 SOP 流程，以及社群互動行銷術與持續壯大的資料採礦分析系統，都將成為未來加盟夥伴們最強力的後盾，期許共同締造出不一樣的餐飲體系風景。

找理念契合的品牌加盟吧

　　當東北之家籌備開放加盟計畫時，有人曾提出一個問題：「你希望未來進入東北之家的加盟主具備什麼樣的特質？」這有點像企業招募人才，符合資格者都有投履歷的資格，但最終誰是符合企業文化、能與組織共同成長，投履歷者有時不見得預先知道答案。將此概念放到加盟創業來看，只要你準備有足夠的資金，其實就可以把錢投進去，只是這條路是不是通往康莊大道，可能心裡多少還是揣揣不安，內心出現的自我對話可能有：每次都大排長龍生意看起來不錯、分店開這麼多應該有賺錢、品牌這麼大不會突然倒吧……

　　誠如前文曾述及，餐飲連鎖加盟體系有單純的品牌授權、必須向總部採購原物料等不同的加盟模式，當同一品牌的加盟主中，有人賺錢、有人不賺錢，背後的因素除了地利條件之外，很大的原因與企業文化不契合有關。不管你是否想要開一間火鍋店，或是否想要加盟東北之家，我誠心建議每位創業者應該依據自己的需求與性格特質，事先做好調查以評估適合一起在創業這條路上同行的人。

　　至於東北之家，本書從產業革新、產地到餐桌、在地職人手藝到獲

利防火牆、社群行銷術,以及二代店的發展計畫,大方無私的公開記錄下一步一腳印的歷程,若要說什麼樣的人格特質適合成為我們的夥伴;簡而言之,「願意為自己付出的人」,這裡所講的自己不是自私的自己,這個「自己」是知道自己想要什麼的自己,當你知道自己要成就出什麼樣的自己,想要投注在自己身上時,一定會全力以赴,非常專注的把這件事情完成。

　　未來的東北之家加盟主想要賺錢,好事,團隊會幫助你賺錢;想要過好的生活,好事,賺到錢就可以過好的生活。當然有錢與好生活未必能畫上等號,但至少在經濟層面是自由的,達到一定水平,煩惱的事也會少一點,才會有更多的時間與資本去幫助別人。這無疑也是我自己一路走來的一點感想。

你的願景讓東北之家來實現

在過去的生涯裡，我的第一桶金是借來的，用借來的錢買房子，再用房子去貸款創業，也拿部分的錢去投資買股票，彷彿是從空中抓出錢來打造夢想的生活，是高槓桿、高風險的金融遊戲，是處於負債高壓的辛苦日子。而今我將推動東北之家餐飲事業走向加盟系統作為最終願景，有更大的力量在垂直整合之後進行平行整合。

以現有的 4 家酸菜白肉鍋旗艦店經營，已培養出的主要客群為輕熟女，第二階段的東北之家將邁入開放加盟第二代店的型態，將目標消費者年齡下修朝年輕族群發展，相信當這個味道有機會刻進下一世代的腦海中，在未來的日子裡新世代消費者的回訪率將會提高，尋找曾經的味覺記憶，把我們引以為傲的味道帶到大家的家庭裡去。

針對東北之家未來展店藍圖，第一步將是計畫性的在各縣市開展至少 40 家分店，透過全台布局與串聯使大家都能一嘗所謂「台灣在地的酸菜白肉鍋」。連鎖體系的發展過程如同鋪水管的過程，鋪好了水管，水到渠就成，為銜接北部至中南部的物流系統，進駐中南部重要

衛星城市設立分店，與建置中區央廚和物流中心也在計畫之內。一間房子有 4 根柱子已經穩固，增加到 8 根柱子只會更穩，只要這個拼圖完成了，建構出完整的品牌體系，透過垂直整合達到降低成本（cost down），不僅將釋出更多利潤給加盟主，這些利潤空間亦能促進加盟體系的健全發展。達到一定水平之後，再做所謂的平行整合，因為當所有雞蛋放在一個籃子裡，相對風險是高的，所以必須要散置到其他跟你相關聯或不相關聯的項目上，於酸菜白肉鍋的主軸持續發展支線擴大效益。

而我個人一直以來也有一個願景，那就是為 40 位加盟主完成創業夢想後，為團隊夥伴們賺進第一桶金是我想幫他們達成的目標，而自己也可以做一些退休規畫，留下該留的就好，剩下的所有要答謝該答謝的人，因為這一路走來著實得到很多人的幫忙。我覺得這輩子沒有「後悔」二字是一個境界，這一仗我會打成功，而且非成功不可！我這樣告訴自己。

堅持純古法 東北之家 酸菜白肉鍋 道地發酵的好味道

CHINA NORTHEAST POT

台灣第二 ▶ 酸菜白肉鍋連鎖加盟

加盟費用

- ◆保證金：40萬(本票)
- ◆加盟金：100萬(現金)
- ◆合約：3年15萬
- ◆工程設備費用：300萬
- ◆坪數：80-120坪

加盟條件

- ◆年齡25-50歲
- ◆可全職參與經營管理
- ◆了解加盟制度精神與意義，共同維護品牌價值
- ◆創業資金充足，良好品德及信用紀錄

開放區域

【新北】板橋、中和、永和、新莊、蘆洲、新店、樹林、土城
【桃園】桃園區、八德區
【新竹】新竹市、竹北市

你的願景 ——
讓東北之家來實現

★一個開始於圍爐的願景
★開一家店成就不一樣的人生
★建築十年獲利不敗防火牆

★招募加盟★
0979-720-598 請洽陳小姐

青島店
02-3393-6618
台北市中正區青島東路5號

林口店
03-327-2585
桃園市龜山區興華二街15號

桃園店
03-335-7839
桃園市復興路192號

竹北店
03-657-3037
新竹縣竹北市文田街68號

雙人餐券
699元
出示本券即可享用此優惠
原價460元/位
不收服務費

用餐時間90分鐘
收客時間
午餐11:30~13:30
晚餐17:30~20:30

雙人餐券
699元
出示本券即可享用此優惠
原價460元/位
不收服務費

用餐時間90分鐘
收客時間
午餐11:30~13:30
晚餐17:30~20:30

富翁系列 021

新東山。再起

作　　者　侯聯松
文字整理　陳佩宜
責任編輯　謝昭儀
校　　對　侯聯松、陳綺襄、謝昭儀
封面設計　賴偉盛
版面設計　何仙玲

出 版 社　文經出版社有限公司
地　　址　241 新北市三重區光復一段 61 巷 27 號 11 樓
電　　話　(02)2278-3158、(02)2278-3338
傳　　真　(02)2278-3168
E－mail　cosmax27@ms76.hinet.net

印　　刷　永光彩色印刷股份有限公司
法律顧問　鄭玉燦律師　　電　話　(02)291-55229

發 行 日　2019 年 12 月 初版
定　　價　新台幣 380 元
Printed in Taiwan
若有缺頁或裝訂錯誤請寄回總社更換
本社書籍及商標均受法律保障，請勿觸犯著作法或商標法

新東山。再起 / 侯聯松作 . -- 初版 . -- 新北市
: 文經社 , 2019.12
　面；　公分 . -- (富翁系列；M021)
ISBN 978-957-663-772-8(平裝)
1. 侯聯松 2. 傳記 3. 餐飲業管理
483.8　　　　　　　107018541